中小学生书架

科学揭秘动物世界

鱼类

主　编　于今昌

编　者　张　莹　于　雷　刘艳佳　冯　鑫

　　　　刘　莉　刘　洋　刘　佳　于佳楠

　　　　张玉峰　仲　勇

长　春　出　版　社

全国百佳图书出版单位

图书在版编目（CIP）数据

科学揭秘动物世界——鱼类/于今昌 主编. —长春：长春出版社，2012.6

ISBN 978－7－5445－2125－3

Ⅰ. ①科... Ⅱ. ①于... Ⅲ. ①鱼类－普及读物 Ⅳ. ①Q95－49

中国版本图书馆 CIP 数据核字（2012）第 069892 号

科学揭秘动物世界——鱼类

责任编辑：杜 菲

封面设计：人 熊

出版发行：**长春出版社** 总编室电话：0431－88563443

发行部电话：0431－88561180 邮购零售电话：0431－88561177

地 址：吉林省长春市建设街 1377 号

邮 编：130061

网 址：www.cccbs.net

制 版：长春大图视听文化艺术传播有限责任公司

印 刷：吉林省吉育印业有限公司

经 销：新华书店

开 本：787 毫米×1000 毫米 1/16

字 数：165 千字

印 张：9.5

版 次：2012 年 6 月第 1 版

印 次：2012 年 6 月第 1 次印刷

定 价：19.00 元

在美丽的地球家园里，生活着各种各样的动物。在一望无际的非洲大草原上，数以百万计的角马正浩浩荡荡地前行，它们旅途中的每一步都面临着危险；在广阔的天空中，一只雄鹰正展翅翱翔，它锐利的双眼机警地搜寻着地面的猎物；在号称"世界屋脊"的青藏高原上，一群藏羚羊为了逃脱猎人罪恶的枪口正在飞奔；在大海的深处，凶猛的鲨鱼正在用它敏锐的嗅觉搜寻海洋里的猎物……它们不仅让我们的生活丰富多彩，而且维持着大自然的生态平衡。但随着社会经济生活的发展，生态环境遭到前所未有的破坏，加之人类的过度捕杀，许多动物已濒临灭绝。动物同样也是地球的生灵，同样需要我们以博爱之心去对待它们。要善待它们，首先必须了解它们，这就是《科学揭秘动物世界》的出版宗旨。

从阅读中获得知识，从图片中汲取印象，从常识链接中扩展见闻。无论是藏在深海的贝母，还是徘徊在天际的雄鹰，都会在这套科普丛书中展现它们的精彩。科学揭秘动物世界，不仅仅是人类生存的需要，也为我们找到了了解自然、揭示自身奥秘的金钥匙。

《科学揭秘动物世界》共六卷，分别介绍了鸟类、鱼类、海洋类、哺乳类、无脊椎类、两栖爬行类动物。丛书不仅篇幅精练、文字优美、插图生动、知识

前言 *QianYan*

链接画龙点睛，更难得的是铺陈了若干动物故事，将严肃的科普知识以生动有趣的故事形式娓娓道来，以全新的角度向读者阐释了动物的生活方式、生存策略与习性特点，以及尚未破解的一些神秘现象，生动地展示了与人类共同生活在地球上的这些生灵怎样以其独特的方式向大自然索求自己的生存空间，演绎美丽而神奇的生命旋律的过程。

《科学揭秘动物世界》系列丛书由科普作家精心编撰，吸收前沿知识，所选资料翔实准确，文字简洁生动，通过生动的故事、翔实的例证、具体的数据来调动读者的阅读积极性并启发他们的想象力，实现对知识的融会贯通。从而使读者能够快乐阅读、轻松学习，是青少年读者了解动物世界奥秘的最佳读物。

鱼类王国

鱼类可以说是地球上最古老的居民了，它们最初在海洋中自由遨游时，地球上还没有恐龙、大象等任何高等动物出现呢！当然，就更没有我们人类了。

鱼类是最早出现的脊椎动物。从远古到现在，鱼类经历了多种发展变化，直到今天，它的种类仍比任何其他脊椎动物的种类多。它们分布在内地的小溪、湖泊、河流、大江直至海洋深处。鱼类大部分像陆上的动物一样，以小群体的方式生活，也有些鱼喜欢漫游，居无定所。它们多富掠夺性，以吃其他的鱼、水生动物或昆虫为生。但是，鱼类并不是生来就有的，它们也是经过了漫长的岁月才逐步发展起来的。

我们知道，地球上的一切生物都是从单细胞发育而来，经过数万亿年才有了今天丰富多彩的物种资源。鱼类是第一种脊椎动物，可以说没有鱼类就没有人类。

地球上有 71.5% 的面积被水所覆盖，除极少数地区外，不论是从赤道到两极，还是从海拔 6000 米的高原山溪到洋面以下的万米深海，都有一种水中的精灵生存着，它们就是鱼类——一种体滑而形如纺锤、呈流线型、具鳍、用鳃呼吸的变温水生脊椎动物。它们或成群结队，或独自遨游，自由自在地生活在广袤无垠的水域之中。但是有些种类并不符合以上所给出的定义，有的鱼体极长，有的极短；有的侧扁，有的扁平；有的鳍大或形状复杂，有的已退化；口、眼、鼻孔、鳃开口形状位置变化极大。这些都与鱼类长期栖息的环境有着极为密切的关系。现代分类学家给"鱼"下的定义是：终生生活在水里，用鳃呼吸，用鳍游泳并凭借上下颌摄食的变温水生脊椎动物。

目前，世界上已知鱼类约有 24000 种，我国有 3800 多种。

鱼类是脊椎动物中最多的一个类群，全世界的鱼类总数几乎占整个脊椎动物数量的一半左右，包括圆口类、软骨鱼类和硬骨鱼类等三大类群。

圆口类是现存最原始的无颌脊椎动物，包括七鳃鳗和盲

▲ 鱼类王国

鳗。身体呈鳗形，无上下颌（所以又称无颌类），具口吸盘，以吮吸方式取食，全寄生或半寄生生活，无成对附肢，具软骨，脊索终生存在，有雏形脊椎骨，神经系统、骨骼、循环系统、消化系统都较原始。现存圆口动物种数不多，仅 70 种左右。

按骨骼性质可以将鱼类划分为软骨鱼类和硬骨鱼类。

软骨鱼类的骨骼均为软骨，生活于海洋中，种类较少。例如鲨鱼，其鳍为鱼翅；皮可制革；肝含油量高，可制鱼肝油。全球软骨鱼类约有 800 种，中国约有 190 种。

硬骨鱼类的骨骼大部分为硬骨，包括大多数鱼类，例如中华鲟、青草鲢鳙四大家鱼、大小黄鱼、草鱼等。

尽管鱼类的种类和数量繁多，但由于环境变化和过度捕捞，其种类和数量都呈锐减趋势。

美国《科学》杂志发表的一篇调查报告称，如果目前过度捕捞和海洋污染得不到控制与治理，到 2048 年，海产品的种类和数量将明显锐减。

由美国和加拿大生态学家和经济学家组成的一个科学小组，历时 4 年完成了一项名为"生物多样性缺失对海洋生态系统影响"的调查。学者们的足迹遍布北美、欧洲以及澳大利亚的 12 个沿海地区，他们对 64 处大型海洋生态系统进行了调查，并进行了 32 项小规模对比实验。此外，他们还对联合国粮食与农业组织提供的 1950 ～ 2003 年鱼灰和无脊椎动物数据作出了分析。

专家们发现，物种丰富的海域生态系统更为稳定，单位面积内的生物数量比物种贫乏的海域高出 80%以上。此外，物种丰富的生态系统，渔业资源更为丰富和高产。

调查报告主笔鲍里斯·沃尔姆说，29%的鱼类和其他海洋生物种群的捕捞量减少了 90%以上，说明这些种群正濒临灭绝。这种形势在所有海洋生物中普遍存在，而且还在恶化。"如果长期如此，那么到 2048 年，海产品的种类和数量都将锐减。"

汉城大学海洋研究所的研究人员朴敬爱在一份报告中说，全球气候变暖可能使东海的海洋物种发生迅速变化，使海水质量下降，在 150 年后使生化需氧量降到目前的百万分之三，东海的鱼类可能在 150 年后绝迹。她援引美国国家海洋和大气管理局 1985 ～ 2001 年的数据说，在这段时期内，东海的海水温度上升了 1.5℃。这个数字表明，东海水温平均每年上升 0.087℃，是同一时期全球海水温度平均升幅的 6 倍。她指出，水温的大幅上升使东海的含氧量明显下降。她说："全球气候变暖使西伯利亚高气压减弱，削弱了冷风的力量，这使北部海域水面温度上升，阻碍了冰块和寒流的形成。"

近年来，乌贼、鲭鱼等生活在暖流中的海洋生物的捕获量占东海捕鱼量的一半。由此可见，寒流中生活的沙丁鱼等其他物种的数量已急剧减少。专家们说，水温的上升会对鱼类造成伤害，海水温度上升 1℃给鱼带来的伤害相当于人体体温升高 1℃对人的伤害。

穷凶极恶的杀手

美国著名作家海明威，在一篇游记中记述过这样一件触目惊心的事：在美洲海湾，有个捕捉马林鱼的古巴人，因不慎失足落水，立刻便有一群马林鱼飞袭而来，饿狼似的将那个渔夫撕成碎片。

马林鱼体态扁平，前颌挺着一根锋利的刺剑，灵活善游的它经常出没于大洋深处。马林鱼生性凶猛，据南洋渔民传说：曾经有一条约 50 千克的马林鱼同一条 40 吨的鲸鱼决斗，结果海水被染红了。

1980 年，美国"玛丽"号海洋考察船在纽约长岛东端航行时，连续遭到马林鱼的攻击。有一次，船长塞尔叉到一条马林鱼，想乘小船去捕捞。不料，那条马林鱼突然向小船冲来，将它前颌的刺剑戳进船板，简直像屠夫叉肉一般。塞尔船长幸亏离得远，不然身体可能被刺穿。塞尔船长后来回忆起来，仍心有余悸。

马林鱼凭那杆圆锥尖枪，到处寻衅。同是 1980 年，英国有一艘船在赴匹米尼途中，突然听到"嘭"的一声，船长到舱底一看，马林鱼的刺剑戳入船身，刺尖还深深地留在金属制的煤气箱里。

马林鱼的利剑虽然厉害，但还不如虎鲛的尖齿可怕。在澳洲沿岸，海滨浴场四周都竖立了防鲛网，但是游泳者被白鲛、蓝鲛、虎鲛或鲭鲛攻击啮死的事件屡有发生。

▲ 马林鱼

鲛鱼的神经系统很低级，不知痛楚和震惊。它一旦向你进攻，便连续不断地疯狂咬噬，直到血液流尽，无力而毙。十几年前，美国著名科普作家阿西莫夫和动物学教授鲍奈尔到塞勃尔角附近捕鱼。一天早上，他们一叉击中了一条大虎鲛，虎鲛带着叉子向前猛游，鱼叉上的绳索绷得像琴弦一样笔直，船飞快地疾驰。突然，虎鲛猛地回转身来，扑向小船。鲍奈尔马上握住手枪，阿西莫夫操起了自动步枪，接连向鲛鱼射击，子弹一颗颗射入鲛鱼的身体，那鲛鱼仍在 20 米外扑腾。鲍奈尔把小船旋转过来，船尾向着虎鲛，人躲藏到船首。不料，船尾却翘了起来，那虎鲛也乘势扑上去，一口把船尾咬破。阿西莫夫操枪拼命装子弹，鲍奈尔也颤抖着握住手枪，急匆匆地添加弹药。两位学者正怀疑能否脱险时，附近的渔民闻声赶来救助，密集的子弹总算将虎鲛击毙。事后在鲛鱼身上一数，总共有 112 个弹孔。

小鱼中最残忍的，莫过于美国蓝鱼。蓝鱼是一种极勇敢而坚毅的动物，两颚异常有力。有经验的渔夫都知道，蓝鱼放在船内，它会竭尽全力接近你，咬你一口。有些不谨慎的渔夫，钓到了蓝鱼，以为它已经死了，可是一松钓钩，它便像猎犬似的咬住人的手臂或腿。蓝鱼的牙齿虽然不长，却异常锐利，一旦被它咬住，便死也不放松，非撬开不可。因此，只有等它真的死了，才不必怕它。

蓝鱼嗜血，因此以捕鱼为生的人都非常小心，衣着绝不能染上鱼血，否则万一失足落水，获救机会极小。蓝鱼的残忍令人惊骇。小小的蓝鱼看上去每尾不过 1.0 ～ 1.5 千克而已，可是，它们常从比它大得多的鲸鱼身上咬下大块的肉来，吞不下去就抛入水中。可见，蓝鱼的残忍并非受饥饿的驱使。

这些穷凶极恶的鱼类杀手大多拥有一口利齿。它们的牙齿锋利而无情，敏感而准确，专业而有效。牙齿是动物机体中的一个重要组成部分，它们担负着的重任是满足动物最迫切的需要——觅取食物。牙齿是骨质器官的外露部分，它的形状、大小和排列与其需要的食物、生存的环境、年龄以及在自己的王国中处于什么谱系等问题密切相关。

> **《 鲨鱼的牙齿 》**
>
> 鲨鱼长着很多尖锐的三角形牙齿，长达 18 厘米，牙齿没有和颌骨连接在一起，而是与上皮组织连接在一起。这种结构使鲨鱼可以终生更新牙齿。

最早的牙齿是从原始鱼类的骨质皮板上长出来的。根据现有的证据可以断定，脊椎动物最早的牙齿是从约 5 亿年前的志留纪原始鱼类身上长出来的。古生物教授何塞·桑斯说："很可能是一些原始骨质皮板发生了变异。"它们当然是嘴部皮骨骼的一部分。

现在世界上生长的一种来自远古时代并使我们感到非常害怕的动物是鲨鱼。我们惧怕的是它们身上最具特色的器官——可怕的牙齿。最早的鲨鱼出现在 4.5 亿年前，现在大洋里游弋的一些鲨鱼可能最早出现在两亿年前。鲨鱼进化的一个重要成果就表现在它那令人害怕的牙齿上。

鲨鱼家族

在波涛翻滚的辽阔海面上，经常出现饿狼般的鲨鱼群，它们破浪前进，追逐着洄游的鱼类。但有的鲨鱼却懒洋洋地浮在海面上晒太阳，只露出一扇扇银灰色的背鳍。蓦然望去，犹如停留在机场上即将起飞的机群。

提起鲨鱼，一些跟它打过"交道"的人对它凶残的模样心有余悸，而听完他们的讲述，更使人感到这种海洋生物的可畏和神秘。鲨鱼几乎成为人们心目中凶残的象征。然而，这种看法是不公正的。鲨鱼也是海洋生物中的一个物种。据不完全统计，海洋约中有 380 种鱼类都属于鲨鱼家族的成员。而能对人类生命造成威胁的，只占其中一小部分。

各种鲨鱼的形态、体色和大小各异。有头部像花猫般的猫鲨；有脸部像老鼠似的鼠鲨；有全身布满虎皮状花纹的虎鲨；有尾巴像镰刀一样的长尾鲨；有头顶向两侧突出，好像戴着一顶"相公帽"似的双髻鲨；还有体躯庞大，重达上万斤的姥鲨……

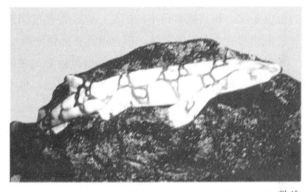

▲ 猫鲨

在日常生活中，人们常用"谈虎色变"这个成语来形容对凶猛残暴的老虎的惧怕，而在海洋中，也有几种鲨鱼同老虎一样凶猛残暴。

在鲨鱼中最凶猛的要算噬人鲨了。它个体庞大、牙齿锋利、生性凶猛，在饥饿的状态下，会攻击落水的人。

还有又凶又狠的白鲨，它的嘴巴很大，牙齿十分锋利，可以轻松地将巨大的海龟吃掉。即使是同一家族的成员，它也绝不会嘴下留情。白鲨的活动范围很广，几乎遍及温带海域。白鲨的可恶之处还在于它经常出没在海滨浴场，突如其来地伤害在水中游泳的人。人们因此给它起了个绰号："白色的死亡"。

除噬人鲨、白鲨外，虎鲨也是鲨鱼家族中另一个可怕的杀手。它之所以被称为虎鲨，除了因为它身体上长有像老虎一样的道道花纹外，还因为它的凶残与老虎不相上下。它只要发现海洋中有任何移动的物体，都要追上去，向其进攻。虎鲨最大可长到 9 米左右，体重能达 1 吨。虎鲨的胃口很大，海洋中的许多动物，经常成为它的腹中餐。

不过，在鲨鱼家族中，真正攻击人的鲨鱼只有少数几种，并不是所有的大鲨鱼都要吃人。就说鱼类中的冠军鲸鲨吧。1944 年 11 月 11 日在巴基斯坦卡拉奇附近的巴巴岛海域捕获了一条巨大的鲸鲨，经测量，其体长为 12.65 米，身体最厚的部分周长 7 米，体重估计为 15 吨。这是迄今为止海鱼类最大的科学记录。尽管鲸鲨个体庞大，但它的性情却很温和，除了捕食一些小鱼外，主要吞食海洋里的小生物。有时它游到近海寻找食物，但不会主动攻击人类。

姥鲨的体躯也十分庞大，行动异常迟钝，它从不攻击人，主要吃的也是一些小生物。它爱吃虾苗，一次能吞食 30 多千克。

还有一种锯鲨，它利用锯状的长吻挖掘泥沙，寻找埋在泥沙里的海贝等小动物。

在鲨鱼家族中，外观最美的要数蓝鲨了。它的整个身体呈流线型，身上有鲜艳的蓝色条纹。和其他鲨鱼不同的是，它经常在夜间游到大江河入海口寻觅食物。这种鲨鱼通常活动在温带海域，但也可能在热带海域出现。

在鲨鱼家族里，身体最长最重的当数巨鲨。它的体重身长仅次于鲸鱼，但它却异常温顺，既不像白鲨那样在海洋里横行霸道，也不像虎鲨那样到处作恶伤人。它主要靠吃海洋中的浮游生物过活。

倘若你以为鲨鱼的形体都是又长又大，那就大错特错了。在近海、浅海中，有一种外形和白鲨差不多的鲨鱼，身体只有几十厘米长，超过 60 厘米就十分罕见了。这种鲨从不伤人，仅仅靠吃章鱼和其他甲壳类的动物过活。它的产卵方式也是极其独特的。先将卵产在一个角形纤维的袋子里，然后密封起来粘在海洋植物上，这一切都完成后，它就逍遥自在地一去不复返了。

鲨鱼爱好群居，往往 20～30 条结队巡游，多时可达 200 多条，真是浩浩荡荡，宛如一长列雄伟的舰队。

气候突变时，鲨鱼会在海里剧烈翻腾。但在平时，却多半栖息在 500～1000 米以下富有黏土的深海里。每当早晨、黄昏或急需觅食时，鲨鱼就会浮出水面，追捕鱼群。姥鲨每次浮出水面的时间可达 2～3 小时呢！

各种鲨鱼的猎食方式也不一样。有一种鲨狐，它的下颌和牙齿不发达，如果靠嘴巴和牙齿去捕食，那它早就饿死了。为了生存下去，它采取了与众不同的猎食方式，即一年到头都在追逐鱼群，一旦接近，它就猛冲过去，用它的尾部噼噼啪啪将鱼击昏，然后饱餐一顿，扬长而去。

鲨鱼和它的邻居们

在世界四大洋中，太平洋最大，包括属海的面积为18134.4万平方千米，约占世界海洋总面积的49.8%，等于其他三个大洋面积的总和。

太平洋不仅大，而且深，是世界上最深的大洋，平均深度为4028米。世界上深度超过6000米的海沟共有29条，太平洋就占了20条。世界上深度超过10000米的6大海沟，全部都在太平洋里。

▲ 鲨鱼

太平洋还是世界上最温暖的大洋，表面水温年平均可达19.1℃，比其他大洋表面的平均水温高出2℃。这里生活着大量鲨鱼和其他物种。

鲨鱼喜欢在岛屿周围出没。在一个海岛的洞穴深处，一条年幼的白鳍鲨正在学习捕猎。幼鲨飞快地从隐蔽处接近鱼群。它喜欢悄悄地追踪猎物，等待时机。这条幼鲨很快就将长大，在汪洋大海中独立生活。因此，它必须勤学苦练，掌握生存的本领。

洞穴外，一条成年白鳍鲨开始捕猎。一条拿破仑鱼跟随着，它知道倘若和白鳍鲨共同觅食将非常危险，于是就不即不离地跟在鲨鱼的后面。紧接着，又有几条白鳍鲨从海底浮起，它们形成了一个杀气腾腾的鲨鱼群体。白鳍鲨很少单独捕猎。尾随鲨群的除了拿破仑鱼，还有一些食腐动物，它们也想伺机分点吃喝。虽然拿破仑鱼的速度不快，但动作敏捷，与鲨鱼形影不离。其他食肉的鱼在鲨鱼上方游动。在捕食的时候，这样的鱼往往成了鲨鱼的同谋。它们喜欢在鲨鱼捕猎时伺机冲向鱼群，捕获在混乱中惊慌失措的小鱼。

在暗礁密布的海底，猎食者正在寻找食物。白鳍鲨善于循着其他鱼类发出的杂音进行追踪，即使是隐藏着的鱼也在所难逃。

看，白鳍鲨逮住了猎物。狂热的追随者们争抢着猎物。在如此混乱的情况下，搜

《《 鲨 鱼 》》

鲨鱼的身体呈纺锤形，稍扁，鳞为盾状，胸、腹鳍大，尾鳍发达。鲨鱼种类繁多，有的种类头上有一个喷水孔。它们生活在海洋中，生性凶猛，行动敏捷，捕食其他鱼类，也叫"鲛"或"鲛鲨"。

索猎物变得困难起来。而白鳍鲨依然全神贯注，搜索着每一道裂缝，寻找着隐藏的猎物。

一条大礁鲨加入了捕猎行动。当找不到食物时，它们就去偷取别的鲨鱼猎取的食物。一旦这条礁鲨加入了进食队伍，谁都没有安全保障了，在场的每一条小鱼都有可能成为被攻击的目标。

局面稳定下来以后，狡猾的拿破仑鱼才小心翼翼地游过来。在海洋中，鲨鱼捕食的战场，往往会被其他的鱼再次进行扫荡。分享食物的骚动吸引了一条经过的锤头双髻鲨，它也来凑热闹。

在附近的海底，一条银鳍鲨似乎觉察到了什么。一个在海面漂浮的物体吸引了它的注意，银鳍鲨打量着这个怪物。原来这是一段被风雨侵蚀的木桩。木桩粗糙的表面聚集着大量浮游生物，一群小鱼因此被吸引过来，在旁边游动。这条好奇的鲨鱼似乎拿不定主意，于是它一边在木桩附近巡视，一边进行着判断。鲨鱼最后发现，木桩不是可口的食物，而且周围这些鱼太小，还不够塞牙缝的。于是，它返回了经常巡视的地方。

在海洋中，许多鱼都受到寄生虫的困扰。小鱼帮助那些较大的鱼除去身体表面微小的寄生虫，同时它们自己身上的寄生虫已被更小的小鱼清除干净。

珊瑚礁附近同样生机盎然。一只绿甲海龟正背着它的保护壳缓慢巡游，一条豹鲨也出现在附近，而蝠鲼那布满斑点的胸鳍与礁石的颜色十分协调。突然，一条觅食的礁鲨发现了捕食的目标。原来是一群梭鱼经过此地，它们浑身闪动着金属光泽，在海中编织出炫目的图案。鲨鱼当然不会放过这送到嘴边的美餐。

梭鱼宴会结束后，海中只剩下闪耀的鱼鳞。这时，座头鲸迷人的小夜曲在大海中回荡。一头雌鲸旋转、起舞，表达着重返栖息地的喜悦。与往年一样，100多头座头鲸完成了洄游，来到了太平洋中部海域。你看，一头雌鲸在雄鲸的陪伴下游动着，而它们4个月大的幼鲸在后面紧紧跟随着。

在这片海域里，鲨鱼和它的邻居们都按照自己的方式生活着。

人与鲨的较量

据英国媒体报道，2009 年 7 月 10 日，在澳大利亚西部海岸发生了一起惨案，两条"大如汽车"的大白鲨对一名正在冲浪的小伙子发动突然袭击，并在短短的 60 秒钟内把这名小伙子撕咬得稀巴烂。

惨遭不幸的冲浪小伙子叫史密斯，那年他 29 岁。10 日下午，他和几个朋友一起到海滩冲浪，没想到却就此断送了性命。17 岁的坎贝尔目睹了史密斯被两条鲨鱼吃掉的全过程。他心有余悸地回忆道："当时史密斯正在海滩附近冲浪，突然在他十几米远的地方冒出两条大鲨鱼，并向他冲来。那两条鲨鱼的体型都非常庞大，至少有 5 米长，大得好像汽车。史密斯试图甩掉鲨鱼，但它们却不肯放过他。对他来说，那些鲨鱼实在太大了。"

很快，沙滩上的数十名冲浪者和游客都注意到了那两条鲨鱼。16 岁的冲浪少年罗维回忆说："每个人都冲史密斯大声叫着：'快回来，有鲨鱼！'史密斯拼命划水，但很快其中一条鲨鱼赶上了他，不断对他发动攻击，用锋利的牙齿撕开他的肉。接着，另一条鲨鱼也冲上去，疯狂地啃噬他。起初，史密斯还在水中挣扎了几下，但没多久他就脸朝下浮在水中一动不动了。

> ### 《 大白鲨 》
>
> 1987 年 4 月 17 日，艾尔福雷德·库塔加在马耳他附近海域捕获了一条雌性大白鲨。根据这条大白鲨牙齿的大小及其上颚骨周长的尺寸来计算，这条大白鲨的长度约为 5.3~5.5 米。

他流了许多血，只一会儿的工夫，他周围的海面就被染成了红色。之后，两条鲨鱼仿佛鬼魅一般消失得无影无踪。"目击者卡梅龙称，从鲨鱼出现到消失，大约 60 秒时间。几分钟后，几名冲浪者战战兢兢地乘船返回海中，用绳子将史密斯拉上海滩，但此时他已死去，大半个身体被鲨鱼咬得稀巴烂，就连史密斯的冲浪板也被咬下一半，上面清楚地留下了鲨鱼的牙印。

据悉，这是澳洲有记录以来第 12 起鲨鱼咬死人的案例。据统计，澳洲近 200 年来共有 187 起鲨鱼咬死人的案例，被鲨鱼攻击的例子则有 625 起。

比起史密斯来说，新西兰人弗雷泽算是幸运的了。

1992 年 4 月 24 日，位于南极洲和新西兰之间的坎贝尔小岛，轻风拂面，碧蓝的海水闪烁着粼粼波光，一切都那么平静。岛上的气象站站长迈克·弗雷泽把潜水面具戴好，投入了大海的怀抱。在这个远在天边的大洋中潜游，是他最惬意的休息方式了。

随后，弗雷泽的四位同事也来了。不过，他们只在岸边浅水区游来游去，而弗雷泽兴致特别高，钻进了离海岸几十米以外的深水中。他要在那里享受与大自然融合的乐趣。那里有许多活蹦乱跳的企鹅，海狮也无所畏惧地在身边游弋。弗雷泽边游边审视着海底，熟悉着海的深度，以便冬季到来时与南来的鲸结伴同游。这里从来没听说有鲨鱼出没；水温虽为6℃，但身上的保暖潜水服足以抵御寒冷，他的身心完全放松了。

下午3点半，他开始返岛。他不再划水，漂浮着，让海浪将自己推送到岸边……突然，水中一声巨响，一个千钧之重的东西撞击了他的右肩。他想："准是一头大雄海狮在作怪！"接着，他被推向上方，被高高地抛出海面。这时，弗雷泽才看到是一条大白鲨，张着一米来宽的大嘴翻腾着咬住了他的右臂。弗雷泽立即抢起左臂猛击它的口鼻，同时向远处的同事高喊："鲨鱼！鲨鱼！"但是，他的呼叫声如同一股浪花，随着他被拖入水中而消失了。

远处的同事似乎听到了微弱的叫喊。他们立刻浮出水面，向周围张望：除了天际灿烂的彩霞，看不到任何异常现象。

很快又一堆浪花从大海中激起，弗雷泽再度腾出水面。他声嘶力竭地喊叫着，与鲨鱼搏斗着。同事们看到这个惊心动魄的场面，个个呆若木鸡。那大白鲨把头抬出水面时，大嘴曾松开了一下，接着又咬住他的右臂，像是在品试弗雷泽肌肉的韧度。副站长达南立即喊了起来："谁带着潜水刀？"其实，她知道，几把小刀对于这头足有4米长、600千克重的海中最凶猛的食肉动物只不过是几个剔牙签而已。大家惊慌失措之际，弗雷泽又一次被拖入水中。

这时，弗雷泽意识到死神已在向他招手。如果现在不力争自救，必死无疑。人，绝不能轻易让鲨鱼吞食！他立即提起双腿，使出全身力气朝大白鲨的头部踢去。一

踢，再踢，同时竭力从鲨鱼口中抽拽右臂。然而，已经深入右臂肌肉的鲨鱼利齿突然像刀剪般咬下去。随着"嘎巴"一响的折断声，弗雷泽身子一翻，扑向前方，利落地脱离了鲨鱼……

弗雷泽急速地向岸边游去，在他奋力划水时，发觉身体失衡。一看，自己的右小臂已经没有了，鲜红的血液从残缺的骨肉中喷射出来……

▲ 大白鲨

如何预防鲨鱼袭击

在众多的海洋鱼类中，鲨鱼在人们的心目中是极令人讨厌的形象。

鲨鱼确实是一种凶猛的海洋动物，在海洋里称王称霸。它们几乎什么东西都吃，一般的鱼、虾、蟹、贝类根本不在话下，就是海龟、海狮等动物，也常常成为鲨鱼的猎物。

鲨鱼不仅是称霸海洋的生物，同时也给人类在海洋中的活动带来威胁。古往今来，有不少从海难或空难事件中侥幸逃生的人却没能逃过鲨鱼的杀戮。鲨鱼的牙齿能咬断很粗的绳索和钢缆，从而使系在缆绳上的贵重的海洋科学仪器、设备沉入深海；鲨鱼咬断海底电缆不仅会中断通讯联系，而且造成的故障也很难修复。此外，在水下作业的潜水员也有被鲨鱼袭击的危险。鲨鱼是热带和温带海洋里的动物，大约从北纬 21 度到南纬 21 度是鲨鱼最活跃的海域，几乎一年四季都可能会遭到鲨鱼的袭击。而北纬 21 度到北纬 42 度的海域里，5 月到 10 月这段时间可能会遭到鲨鱼的袭击。南纬 21 度到南纬 42 度海域，多半在 10 月到来年 4 月会遭到鲨鱼的袭击。

据美国华盛顿斯密森生物研究所资料统计，世界上每年被鲨鱼杀害或致残的人数，大约有 40 ～ 300 人。

世界上的鲨鱼有 380 多种，其中绝大多数是不伤人的。当然，也有危害人类的鲨鱼，譬如大白鲨、虎鲨、沙鲨、噬人鲨等。这些鲨鱼的性情凶猛，游泳速度极快，凡是使之发生兴趣的动物，都难逃它的追捕。它们具有高度发达的嗅觉器官和在水中对低频率振动极其敏感的侧线系统，因而发现食物的能力非常惊人。它们探知远距离无力和受伤动物的本领简直令人难以想象。就拿它的嗅觉器官来说吧，如果有一股强的急流冲来，它们可以闻到距离 463 米处的气味。鲨鱼的震动感觉器官能觉察到距离很远的骚动，如舰艇触雷或触礁、水下爆炸等。当发生这类海上事故时，常能把周围海区的大量鲨鱼吸引过来。

那么，怎样预防鲨鱼的袭击，确保在海水中活动的人的安全呢？

据观察，鲨鱼多在水温为 18℃～ 28℃左右的海区活动，我国沿海夏秋季节水温基本在这一范围之内。鲨鱼伤人一般发生在水深 4 米以上和距离海岸 10 ～ 60 米之

▲ 噬人鲨

间的海区，而且多发生在阴天或下午、黄昏时。另外，鲨鱼对淡水有很强的亲和力，常到淡水区活动。所以夏季在江河入海口处进行水下作业时，要特别提高警惕，加强防护措施。如果在海滨游泳，最好在游泳区设立防鲨桩或防鲨网。

科学家通过研究发现，只要能破坏鲨鱼的流体静力学平衡，鲨鱼就无法自由自在地游动，从而也就失去了攻击的能力。很快，"二氧化碳鲨鱼标枪"试制成功了。这种标枪实际上是一种大型的气体注射针，当标枪刺入鲨鱼腹腔时，高压二氧化碳气体即被注入。这样不仅鲨鱼的流体静力学平衡受到破坏，而且高压气体还能将鲨鱼的内脏压裂，甚至能将鲨鱼的胃通过其口部挤压出体外。

科学家们还发现，用电脉冲和电流对付鲨鱼也很有效，于是便发明了一种叫做"防鲨盾"的带电装置。防鲨盾装有两块电板，能连续发射矩形波的直流电脉冲，可以有效地阻挡4种伤人的鲨鱼。

尽管鲨鱼凶狠残暴，但它却害怕小小的乌贼施放的"黑墨汁"。另外，鲨鱼很厌恶鱼类腐烂的臭味。根据这些特点，目前已研制成了驱鲨剂，有一定的效果，而且使用方便。人在水下，只要把装有驱鲨剂的纱袋挂在身边即可。

反光强的白色物体和夜间的灯光都容易招引鲨鱼，因此在海中最好穿深色的衣服，夜间不要在水上点灯，这样可防止鲨鱼袭击。

在水中遇到鲨鱼时，只要它不主动咬人就千万别动它。倘若它主动进攻，则应予以有力回击。可携带鲨鱼棍，使用时最好击打鲨鱼的鼻子、眼球或鳃部等处。

鲨鱼对血腥味非常敏感，在水下的受伤流血者务必要立即包扎伤口，离开作业海域。

能降伏凶残巨鲨的比目鱼

鲨鱼作为众多海洋鱼类中的一员，在人们的心目中几乎是凶残的化身。据有关资料记载，从 1919 年到 1959 年的 40 年里，仅在澳大利亚近海就发生了 172 起鲨鱼伤人的事件，平均每年 4 起。在其他地区，例如我国的青岛、美国的旧金山湾、蒙特利尔湾和阿根廷的布宜诺斯艾利斯等地的海域都发生过鲨鱼伤害游泳者的事件。

鲨鱼游泳的速度很快，每小时能游 20 千米。有时为追捕猎物，能连续游上几千千米。鲨鱼不仅凶猛，而且非常贪婪。有人曾在澳大利亚捕获一条虎鲨，剖开它的肚子一看，发现里面有 3 件大衣、1 条毛裤、2 双丝袜、1 只奶牛蹄子、12 只龙虾、1 只用铁丝编织的鸡笼和 1 对鹿角。在另一条虎鲨的肚子里竟然有 1 桶铁钉、1 卷油毛毡、1 把木工锯子。鲨鱼就是这样凶猛、残忍、贪婪。难怪有人把它们叫做"海中霸王"和"职业屠夫"。

鲨鱼这些奇怪的习性引起了科学家们的广泛兴趣。据研究，世界上各种鲨鱼大约有 380 多种，能对人类造成危害的有鲭鲨、噬人鲨、虎鲨、白鲨、双髻鲨、鼬鲨、大青鲨、锥齿鲨等

> **《 比目鱼 》**
>
> 比目鱼是鲽、鳎、鲆等鱼的统称。这几种鱼身体扁平，成长中两眼逐渐移到头部的一侧，平卧在海底。也叫偏口鱼。

▲ 比目鱼

20 多种。

　　人们常常把凶狠的敌人比做鲨鱼，这是比较恰当的，因为它是一种凶狠的嗜杀动物，是海上一霸。鲨鱼作恶多端，经常向一些海上人员和船只发起攻击。据说在大洋洲东海岸一带，150 年来发生了近 200 起鲨鱼伤人的严重事件。1942 年，在南非海岸有一艘运兵船被鱼雷击沉，1000 多人丧生，其中多数人被鲨鱼咬死并葬身鱼腹。

　　鲨鱼虽然可怕，但俗话说："卤水点豆腐，一物降一物。"小小的比目鱼却能降伏穷凶极恶的大鲨鱼。

　　一位美国生物学家说："一种属于鲽（俗称比目鱼）科的鱼类，将帮助人类永远摆脱对鲨鱼的恐惧。"原来，这种个体不大的比目鱼能分泌出一种乳白色的剧毒液体。这种毒液即使用水稀释 5000 倍，也能毒杀海里其他的海洋小动物，可是它对人体却几乎无害。这位美国科学工作者用这种毒素在自己身体里做过试验：将毒素引入体内，仅引起舌头轻度发痒的症状。然而这种毒液对鲨鱼来说，就完全不是这么一回事了。这位科学家在这种比目鱼生活的红海做过一次有趣的实验。他在海里安放诱饵，并在诱饵近旁拴上几条这种比目鱼。当鲨鱼发现诱饵，张着贪婪的血盆大口游近时，比目鱼释放出的毒素就会使它的咬合肌麻痹而无法咬合，结果鲨鱼只好张着大口游开。过了几分钟，毒劲过了，馋涎欲滴的鲨鱼又转身游向诱饵，结果还是只能张着大口不能咬合。

　　目前，生物化学家正致力于人工合成这种毒素。如果获得成功，那么在大洋中游泳将会是安全的——只要涂上含有这种毒素的"抗鲨灵"软膏，将会使任何一条企图噬人的鲨鱼逃之夭夭。

鲨鱼的"第六感官"

　　鲨鱼是海洋中最为凶猛的鱼类，也是比较原始的软骨鱼类，属板鳃亚纲鲨总目。

　　鲨鱼种类很多，它们大小相差悬殊。最大的鲸鲨体长可达20米，体重有十几吨，是鱼类之冠，而最小的角鲨体长仅15厘米。

　　鲨鱼的构造比较原始，骨骼是软的，身体被覆着特殊的楯鳞。它们的体型很像鱼雷，尾鳍呈镰刀形，背鳍高耸。口在头部下方，而且呈横裂缝状。

　　鲨鱼行动矫健，游泳非常迅速，每分钟可达数百米。游泳时第一背鳍常露在水面上，人们可以根据这一点来识别它。所有的鲨鱼都是肉食性的，主要捕食鱼类、海兽、软体动物和贝类等。有几种鲨鱼，如大青鲨、双髻鲨和噬人鲨等，不仅吞食鱼

▲ 鲨鱼

类，攻击鲸类，而且还袭击渔船，伤害渔民。其中以噬人鲨最为出名。

　　噬人鲨分布在热带海洋里，体长最长可达12米。它的牙齿分列成数行，一部分倾向后方，是强有力的攻击武器，能把猎获物一口咬断。在它的胃里，人们发现过海豹和人的肢体。

　　不过，并不是所有的鲨鱼都是伤人的，如最大的鲸鲨和姥鲨。它们的性格非常温和，常常懒洋洋地浮在海面上，缓慢地游着，捕食浮游生物和软体动物。据说一位著名的德国潜水运动员，曾骑在一条巨大的鲸鲨的背上玩了一阵。

鲨鱼的视觉并不发达，可是当鲸被捕鲸炮射中时，在流血的鲸尸附近，一瞬间会出现大批的鲨鱼。它们这种来无影去无踪的本领令人吃惊。后来才知道，原来鲨鱼的嗅觉特别灵敏。最有趣的是鲨鱼痛感极小，而生命力极强。如果把鲨鱼的肚子剖开，取出内脏，扔到水里，它仍然可以游泳，甚至可以用它的内脏作诱饵，再把它钓上来。

鲨鱼会伤人，这给捕渔业带来了极大的危害。但与此同时，鲨鱼也是海洋中宝贵的资源。鲨鱼的鳍叫做"鱼翅"，是上等名菜，价值很高。鲨鱼的肉有一股特殊气味，但烹调得法或加工腌制，这种气味可完全消除。用盐腌制的鲨鱼肉干，其味道可与咸鲟鱼肉媲美。鲨鱼骨可以加工制成骨粉，是饲养家畜、家禽和毛皮兽的精饲料。鲨鱼的肝脏含有大量油脂，从一条长 10 余米的姥鲨中，大约可以获得 500 ～ 600 升鱼肝油。鱼肝油中维生素 A 和 D 的含量很高，是上等的营养品，也是一种工业原料。鲨鱼的皮一直是制革工业的宝贵原料。

科学家们发现，鲨鱼有一个特殊的电感觉器官，名叫罗伦瓮，它是鲨鱼取食时不可缺少的定向器。早在 40 多年前，荷兰生物学家德克哥来夫发现小鲨鱼对水中的金属丝和玻璃棒反应不同，从而猜测鲨鱼有电感性。后来，德克哥来夫和卡姆尔金合作继续研究，把一条活的小鱼放进有鲨鱼的水池中。这种小鱼是鲨鱼最普通的食物。鲨鱼一下子钻到泥土中，拖出小鱼，狼吞虎咽地吃掉了。他们又把小鱼用不透明的琼脂包了起来，琼脂可以防止气味透过，但能让电流通过。即使这样，藏在沙下的小鱼仍然逃不过鲨鱼的"魔爪"。在相同的距离内，鲨鱼以同样的准确性拖出了猎物。这说明鲨鱼绝不是用视觉和嗅觉来发现猎物的。但是在琼脂外面再包上一层可以绝缘的塑料胶，情况就不同了。鲨鱼好像什么也没有发现似的游开了。很明显，电是一种媒介物。鲨鱼的高超本领就在于它具备一种特殊化的感觉功能——"罗伦瓮"的机能。但科学家们的见解并不一致。有人认为它是一种水压感受器，有人认为是一种温度感受器。华特门和克朱金等先后实验证明，它是一种电感受器，能检测出最低 0.01 微伏的电压。有人就把这种电感受器称作鲨鱼的"第六感官"。

第六感官

第六感官是指视、听、嗅、味、触五种感官以外，存在于人心中的审美感官。1711 年，英国舍夫茨别利认为人天生具有审辨善恶美丑的能力，并将这种能力称为"内在感官"，或"内在眼睛"、"内在的节拍器"等。后被称为"第六感官"。

还鲨鱼一个好名声

鲨鱼大约在地球上生活了四亿多年了，可从来没能为自己争得个好名声。但是，当生物学家进一步研究鲨鱼时却发现，它们虽然凶恶，然而并不像科学工作者原来想象得那么愚笨、原始。它们似乎有高度发达的脑子，而且能借助电和磁场导航。从其生化机能来说，鲨鱼还具有抗癌机能。科学家从它那里得到启示，研制出防癌、治癌的药物，因此它极有可能成为抗癌明星。

鲨鱼形状繁多，大小不一。天使鲨呈扁平状，酷似魟；雪茄鲨天生小巧，放入人的掌心则不露首尾；而猎猡鲨是海猪的一种。美国旧金山州立大学的生物学家伦纳德·康帕格诺说："大部分鲨鱼是小的，于人无害。"他在《海洋》月刊上发表文章指出，在已测量过的 296 种鲨鱼中，一半身长不足 90 厘米，身长在 1.8 米以下者占 82%。只有少数鲨鱼样子凶恶可怕。不久前，研究人员发现了一条巨鲨，当时还不知其种类，于是将其命名为"大嘴鲨"。这条巨鲨的嘴足以一口吞下一个人。幸运的是，它可能只吞食浮游生物。

科学工作者要考察鲨鱼的侵袭行为，并不是一件容易的事。为解决这个困难，研究人员制造了一艘单人鲨鱼形潜艇，艇上装有可活动的胸鳍和尾鳍。加利福尼亚州立大学的纳尔逊一直在研究出自埃尼威托克岛的灰礁鲨在被单人鲨鱼形潜艇逼得走投无路时的行动，其中一条鲨鱼咬坏了发动机的螺旋桨。纳尔逊由此得出一个科学结论：潜艇经常遭到早已在一片暗礁中浮游觅食的鲨鱼的攻击，而极少被诱饵引来的外来鲨鱼所攻击。这也就是说，鲨鱼像陆地上的许多哺乳动物一样，知道哪里是它的"家"，并竭力保卫它们的"家"。

所以，鲨鱼攻击人可能是其保卫领土的行为，而不是其凶性所致。即使是对少数具有侵害性的鲨鱼追逐人的原因，科学家们的看法也有分歧。有一种理论认为，在正常情况下，鲨鱼是不猎人为食的。有一份研究材料

▲ 鲨鱼

记录了大约 1000 例鲨鱼攻击人的情况，绝大部分鲨鱼是只咬一口就走开的，这表明它们对人肉并不感兴趣。而另外一些科学家则认为，这种只咬一口的战略恰恰说明鲨鱼的狡猾。如果说它们只咬一口便离开惹祸的地方，那说明它们是足够聪明的。

人们一提起鲨鱼，就会想到这是嗜杀成性、残暴凶恶的"海中霸王"。事实上，绝大多数的鲨鱼是不会攻击人的。就以世界鱼类冠军——鲸鲨来说吧，潜水员们曾在墨西哥下加利福尼亚的马格莱纳海湾以西大约 320 千米处见到了这种大鲨鱼。他们以每小时 4 千米的游速，才能够跟得上鲸鲨的游速。当它停止游动并下沉时，潜水员爬上了它的背部，摸摸它粗糙的皮肤，看看它大嘴巴里边的情况，可是这条鲸鲨无动于衷，显出一副无所谓的样子。还有许多航海中船只与鲸鲨相撞的报道，有时船只撞到了鲸鲨，它可以不动声色地在船头停留好几个小时。

当然，这并不是说鲨鱼都是那么"温良恭俭让"的。一些专门研究鲨鱼行为的科学家认为，鲨鱼不像陆地上的猛虎那样会有意识地猎食，而是在海洋里巡游时，顺便吃掉碰到的食物，如弱小、受伤、死亡的动物。但是，鲨鱼的鼻子十分灵敏，听觉也很好，血迹和游泳者拍打海水的声音，都会吸引它从远处游来寻食。另外，突然的猛烈动作也会惹起鲨鱼的袭击。

人们只要掌握了鲨鱼的生活习性和活动规律，就可以避免或减少意外事故的发生。在海滨游泳时，如果在浅水处发现附近有鲨鱼，应站住不动，即使鲨鱼游近人体，也不会攻击你；如果在深水里碰到鲨鱼，先不要惊慌，用平稳的动作踩水，一般它也不会主动发起攻击。至于潜水员们则应佩带水下手枪，在万不得已时，可以开枪毙杀鲨鱼。

不久前，科学家观察到双髻鲨成群结队地游于得克萨斯之外，每群约有 2000 条之多，显然它们是群集于食物来源的周围。斯克里普斯海洋研究所的彼得·克利姆利用连续 4 年多时间观察到，鲨鱼是以 360 度的螺旋形前进，因此从它们的腹部发出闪光。他认为这些脉冲式的闪光很可能就是它们发给同群中其他伙伴的可见信号。戴帽鲨则更先进一些，它们中间分了等级。当两条戴帽鲨对头游过时，其中一条则向另一条让路；巨大的雌鲨居最上等，别的鲨鱼都要给它让路。

生物学家还一直在研究可能支配鲨鱼行动的生理结构。他们最有价值的发现是：许多鲨鱼都有很大的脑子。有关科学家说："这个发现说明，鲨鱼不是呆痴的动物。"一条鲨鱼的脑子能把信息储存于一个中心部位，并能直接把信息发到运动神经系统，使鲨鱼立即按照这个信息行动起来。包括力气巨大的马口鲨和长尾鲨在内，绝大部分鲨鱼的脑子都与哺乳动物的脑子一样发达。

鲨鱼具有高效能的第六感官。它们对电场比目前已经经过实验的其他任何哺乳动物都更加敏感。鲨鱼在水中游动时，能产生自己的电场，电场的力量和方向性能帮助它们导航。

鲨鱼做出了新贡献

在浩瀚的海洋里，被称为"海中霸王"的鲨鱼遍布世界各大洋，甚至北冰洋里也有它们的踪迹。不过也有少数种类生活在江河湖泊的淡水里，如著名的尼加拉瓜湖里的噬人鲨，分布于我国长江的长江鲨等。

当今最大的鲨鱼——鲸鲨，体长可达 20 米，重逾 5 吨，口裂宽大。姥鲨体形仅次于鲸鲨，体长 10～12 米。1983 年，美国海军一艘海洋调查船在夏威夷群岛调查时，曾捕获一条 4 米多长、体重 350 多千克的鲨鱼，其嘴一张就有 1 米多宽。这是一种过去从未见过的鲨鱼，科学家给它取名叫大嘴鲨，真是再合适不过了。

鲨鱼的确有吃人的恶名，其实并非所有的鲨鱼都吃人。大部分鲨鱼对人类有利而无害，只有 30 多种鲨鱼会无缘无故地袭击人类和船只。鲸鲨与姥鲨虽体躯庞大，但性情温和，以浮游生物及甲壳动物为食，有时也吃小鱼，它们从不伤害人类。而有些鲨鱼如真鲨、噬人鲨、双髻鲨，口虽不太大，但牙宽扁，呈三角形，边缘似锯齿，确属凶猛鲨鱼之列。它们以水中各种动物为食，甚至袭击人类和船只。

虽然鲨鱼的名声不好，但是，鲨鱼却为人类做出了新贡献。据 2008 年德国《商报》报道，鲨鱼皮可保护船体。

在航海中，经常会遇到这种让人倍感头痛的现象：藤壶、贝壳和海藻附着在船体上，有时还会形成厚厚的附着层。这些被称为污垢的生物体使油料消耗量增加了大约 30%。因此几十年来，船体上都涂着抑制这些生物附着的保护层，而驱逐它们的是防垢涂料中的杀虫剂。

但是毒剂会扩散到海水中，带来新的问题。例如非常有效的三丁锡 (TBT) 会导致雌性蛾螺长出雄性生殖器，使它们不能繁殖；一些稀有海螺和贝壳种类因三丁锡污染而面临灭绝的危险。因此从几年前起，这种含锡的涂料就被环保人士和政治家们列入了黑名单。

船主们最终必须使用不含杀虫剂的防垢涂料。目前，已经有这样的涂料——硅酮和聚四氟乙烯（特富龙）涂层，它能防止海洋生物黏附。从 2009 年起，不来梅大学仿生学研究实验室研发的另一种新产品上市。"大自然向我们示范了如何防垢。"发明家安东尼娅·克泽尔说。不论海豚、贻贝、海豹还是鲨鱼，原

> **《 鲨鱼的嗅觉 》**
>
> 鲨鱼的鼻孔位于头部腹面口的前方，其嗅觉非常灵敏，在几千米之外，就能闻到血腥味。海中的动物一旦受伤，往往会受到鲨鱼的袭击而丧生。

则上几乎所有海洋动物都能成为污垢的牺牲品。这些动物使用多种战略组合，使自己不被大海里的"搭便车者"附着。

克泽尔说，很多动物在使用机械方法防垢的同时也释放出防垢的化学物质，只有角鲨的皮肤是不含化学物质的。因此她把这种动物作为制造无毒防垢涂料的样板。这种鲨鱼的皮下组织里生长

▲ 鲸鲨

着尖利且排列紧密的微型齿状物，齿状物之间是相互活动的。这种粗糙如砂纸，但富有弹性的齿状盾牌阻止海洋生物长期附着在皮肤上。

克泽尔在硅酮的基础上研发了一种软膏，里面加入了带有类似鲨鱼齿状物的极小的不规则颗粒。用这种软膏涂抹后就形成了人工鲨鱼皮，它一直保持柔软，而且也是可动的。这样一来，凹凸之处就会来回移动，不给浮游生物提供固定的附着面。

"关键是把微观的毛糙不平和弹性恰当地结合起来。"克泽尔透露了她的方法。福斯化学公司将制造这种新的防垢材料。在不久前的汉诺威工业展上，德国一家化工企业展出了这种涂料，颜色有黑色、蓝色、红色和白色。

如何把这种涂料黏附在船体上，让福斯化学公司的工程师们绞尽了脑汁。"已经有人尝试用这种鲨鱼皮作防垢层，但是失败了，因为鲨鱼皮容易脱落，然后变成气泡从船后冒出。"福斯化学公司的应用技术专家安德烈亚斯·沃伊达说。他解决问题的办法是，在这种防垢涂料的下面再涂一层底漆。

沃伊达说，在北海和地中海的试验表明，人工鲨鱼皮能减少70%的附着物，达到了传统化学涂料的效果。但这种仿生学涂料只有在轮船航行时才能完全发挥作用。如轮船停靠港口，海水摩擦力消失了，就无法冲刷掉松散地附着在船体上的海藻和贝壳。

克泽尔说："那样的话必须进行清理，或者等待航行时把附着物冲刷掉。"虽然用海绵或刷子就可以相对轻松地进行清理，但是同化学防垢涂料相比这仍是一个缺点。

汉堡湖沼和海洋研究实验室的布克哈德·沃特曼说，其他一些不含杀虫剂的防垢涂料只能在轮船行驶时才能发挥作用。据他估计，还没有发现完美的无毒防垢涂料。这位做过大量替代试验的专家谈到自己的经验时说："有些涂料对付藤壶效果好，有些涂料对付海藻效果好。"

鲨鱼极可能成为癌症的克星

自 20 世纪 50 年代以来，鲨鱼就吸引了许多科学家探究的目光，有些国家还专门设立了从事鲨鱼研究的机构。为什么人们这么重视鲨鱼呢？这是因为鲨鱼还有许多奥秘吸引着人类去认识它，揭示它。

鲨鱼是海洋中最古老的居民，4 亿年前就生活在海洋中。从发现的化石考证，今天的鲨鱼还保存着祖先的相貌。而在这漫长的岁月里，海洋经历了多次巨变，当时生活在海洋里的鱼类，唯独鲨鱼不但没有灭亡，而且今天已经"子孙满洋"了。这本身就是一个值得探索的重要课题。

特别吸引人的是鲨鱼具有惊人的免疫力。在脊椎动物中，目前只发现鲨鱼一生不得病，人们从来没有发现过因生病而死亡的鲨鱼。如果剖开鲨鱼的腹部，使其内脏外露并放到水中，一个多月后再捞出来，它的内脏还照样工作，没有一点感染和坏死的迹象。

鲨鱼是深海食肉动物。在水下，每下降 100 米，就会增加 10 个大气压。在 7500 米的深海中，鲨鱼的心脏承受如此巨大的压力，为什么不得心脏病呢？

美国深海药物研究所进行的著名的黑鲨鱼实验揭开了鲨鱼不得心脏病的谜底。鲨鱼在强大的压力下，心脏细胞同样会受到严重的损伤，却总能在第一时间得到修复。因为鲨鱼每隔一段时间都要吞食深海中存在的一种神奇的物质，这种物质不但能修复鲨鱼受伤的心脏细胞，还能给鲨鱼源源不断的心脏动力，科学家将这种神奇的物质称为"海丹原生酶"。

经反复实验论证，"海丹原生酶"能够修复受损的血管内皮细胞，恢复其吞噬、代谢功能，同时还能对硬化斑块进行分解、吸收。所以，鲨鱼即使在强大的压力下，动脉管壁依然保持光滑如初，这就是鲨鱼在深海中迅猛异常、从不得心脏病的原因。

鲨鱼可以说是世界上最健康的一种动物，它们不患癌症或其他免疫系统的疾病。在美国进行的一项研究表明，即使用高致癌物质喂养鲨鱼长达 8 年之久，它们也不会患有任何肿瘤。此外，鲨鱼伤口痊愈的速度特别快，不会出现进一步的感染，这说明鲨鱼拥有一套强烈抵抗多种疾病入侵的免疫系统。

科学家早就发现，人体肿瘤细胞的增长和扩散，首先要建立一个新的血管网络，以便输送养分给肿瘤

《鱼鲨烯》

据报道，国外已研制成功以"鱼鲨烯"为主要成分的新型抗癌药，能有效地防止癌细胞向肺部浸润和转移扩散。

细胞，并带走肿瘤细胞新陈代谢所产生的废物。这些肿瘤的血管网络很十分乱和脆弱，且极不稳定，需要经常更新修整。只要有一种物质能有效地阻止及破坏这些不正常的新生血管网络的形成而又无毒性的话，肿瘤就能得到控制。科学家从鲨鱼不患癌症这个"谜"着手，进行了多年的探索和研究，发现在鲨鱼软骨中含有极其丰富的新生血管生长"抑制因子"，

▲ 鲨鱼

能有效地阻断肿瘤病灶周围新生血管网络和营养供应，阻断肿瘤细胞新陈代谢废物的排出，减少癌细胞进入血液循环的可能，致使肿瘤细胞逐渐萎缩直至死亡。鲨鱼软骨中富含各类调节免疫能力的物质，可激活肌体细胞的免疫系统，所以鲨鱼抵抗疾病的能力特别强。

从 20 世纪 80 年代开始，欧洲、美国、古巴、新西兰、澳人利亚、以色列等国家和地区的科学家，对鲨鱼软骨的临床应用进行了深入研究，取得了令人鼓舞的成就。特别是美国新泽西州的马蒂尼斯医生对 110 名晚期癌症患者进行治疗，几个星期后，接受治疗者的肿瘤都有明显萎缩，其中 15 名患者的肿瘤完全消失。目前，用鲨鱼软骨治癌防癌已经风靡世界各地，成为世界医药界的开发热点。

佛罗里达鲨鱼研究专家卡尔·劳尔经过试验得出结论说，鲨鱼是唯一不得癌症的动物。这类海洋动物的骨骼全部是软骨，这似乎是其免得癌症的原因。

麻省理工学院医生罗伯特·兰格说，看来是鲨鱼软骨含有的活性蛋白抑制了肿块生长输送营养。鲨鱼软骨的治疗原因是抑制肿瘤血管生成，这样肿瘤就会停止发育，肿块慢慢缩小，甚至变成灰色——肿瘤组织坏死的迹象。1994 年 3 月，美国食品与药物管理局批准"鲨鱼软骨"作为被调查的癌症治疗新药。

在古巴的试验尤为引人注目。18 名癌症患者的病情全部大有好转，其中一名妇女腹部长有 12 千克重的肿瘤，几乎不能行走，但服用鲨鱼软骨胶囊 16 周后，肿块大大缩小，并成功地实施了切除术。

日本科学家从鲨鱼鱼翅中提取了一种可以预防恶性肿瘤的物质。他们将这些防癌物质给小鼠注射以后，再将癌细胞移植到它们的肺中。结果，20 只经预防处理的小鼠只有 3 只发生癌症，而未经预防处理的小鼠则全部患了癌症。

因此，有关专家乐观地估计，鲨鱼极可能成为癌症的克星。

鱼类的旅行

生活在海洋、江河、湖泊中的一些鱼类或其他水生动物，每年到了一定的季节，就要沿着一定的路线，从一个地方游到另一个地方，做有规律的、周而复始的长途旅行。它们旅行的时间、经过的路线、到达的地点，几乎年年相同，并且总是不约而同，成群结队而来，成群结队而去，行动非常迅速。

大马哈鱼和鳗鱼的旅行，常常不远千里地往返。在海洋中度过童年的大马哈鱼，到了性成熟的时候，就成群游向河口，以一昼夜 40～50 千米的速度逆水而上，到距离五六百千米的河流上游交尾产卵。它们在旅途中不思饮食、只顾前进，遇上浅滩峡谷、急流瀑布也不退却，有时为了跃过障碍，常撞死于石壁之前。即使能到达目的地，也因为长途跋涉、挨饿而使体内脂肪消耗殆尽，身体消瘦，憔悴不堪。绝大多数大马哈鱼产完卵之后就死亡了，遗下的鱼卵自行孵化，孵出的幼鱼又顺水而下，到海中生活 4 年左右之后，便沿其先辈的老路而来。与大马哈鱼相反，生活在江河中的鳗鱼，每年都要到海洋中去产卵。当它们在途中遇到河道阻塞，无法前进的时候，竟不顾死活地离开水面，沿着潮湿的草地，翻越障碍，奔赴大海。鳗鱼完成繁殖后代的使命之后，或者死去，或者携儿带女，回到原来居住的地方。

▲ 大马哈鱼

我们把鱼类这种往返旅行的现象叫做洄游，并根据造成洄游的不同原因，分为产卵洄游、索饵洄游和越冬洄游。

产卵洄游，又叫生殖洄游，是鱼类在发育即将成熟时，沿着它祖辈经过的路线，向着它降生并度过"童年"时期的地方所作的"旅游"。它的最终目的是

> 《《 洄 游 》》
>
> 　　洄游是海洋中一些动物（主要是鱼类）因为产卵、觅食或季节变化的影响，沿着一定路线有规律地往返迁移。

为了鱼类的传宗接代。其时间多在春季，也有些种类选择在秋季。

鱼类对产卵洄游是相当积极的，它们可以不畏艰险、不知疲倦地长途跋涉几千千米。像欧洲鳗鱼要游 5000 千米以上。

鱼类产卵洄游的目的地，都是为后代早期生长发育所选择的良好的生活场所。如我国的主要海产经济鱼类到近海产卵，产卵场多距河口较近，因为这里由陆上冲入大量的营养盐类，孕育着无数的小生物，这样就可以保证小鱼在张口吃食时有大量可口的食物供给，使它们很快成长起来。

索饵洄游，又叫觅食洄游，是鱼类为追捕饵料而进行的"旅游"。鱼类的食物主要是浮游生物，但浮游生物相据海洋的水流、水温、盐分和营养盐类的成分含有量不同，其生长情况会有差异，有的地方丰富，有的地方就相对贫乏，这就造成了鱼类食饵分布的不平均。因而有些鱼类在一定时期，常常成群结队地游到食物丰富的地区去觅食。比方说，在春季水温上升的时候，大部分鱼类都由深海迁游到浮游生物繁盛的内陆海湾地区；夏季浅海的水温上升，它们又向深海洄游。

越冬洄游，又叫适温洄游，是鱼类为避寒而进行的"旅游"，如同大雁南归一样。在秋末冬初，近海的水温开始下降，鱼类感到寒冷，于是就开始成群结队地向外海较深的水域游去。这个较深的栖息水域，人们叫"越冬场"，鱼类就在这里度过寒冬腊月。鱼类在游向越冬场之前要做好充分准备，在达到过冬所需的脂肪量和保证性腺发育所需的营养之后才能游去。如果这一切尚未准备齐备，鱼儿还要暂时忍着寒冷继续索饵，直到储备物准备得差不多了，才能动身去越冬场过冬。

鱼类的洄游为什么这样有规律呢？原来各种鱼类对于生活环境的条件都有一定的要求。在一年四季中，天气的变化是有规律的，海洋水温升降、浮游生物的繁殖以及其他情况的变化，也有一定的季节性，并且差不多年年如此。所以，鱼类也只好适应这些外界条件的变化，年年跟着做有规律的移动。

鱼类总是成群地游动的，它们的行程甚至长达千百里。小小的鱼儿为什么能在"给养"并不太充分的茫茫大海中长途跋涉呢？科学家经过仔细观察、精心研究，发现它们有充分利用大自然能源的良方妙法。

鱼群集游，大都成大小相同、两排交错地整齐排列。由于前排两条鱼向前游动，带动了这两条鱼之间的海水，使它形成了一股向前流动的水流，而后排鱼正好置身在这股向前流动的水流中，因此，后排鱼便可以在少消耗能量的情况下，与前排鱼等速前进。再后面的每两排鱼，如第三排与第四排、第五排与第六排……都有这样的关系。所以，整个鱼群中，几乎有一半数量的鱼是处在节约能量的状态下前进的。同时，鱼群在洄游过程中，前后排还可以互相替换（如第一排和第二排互换，第三排和第四排互换……），使整个鱼群处在"劳逸"结合的状态中。鱼群正是利用这种节约能量的妙法来完成长距离洄游的。

免费旅行家——鲫鱼

　　鲫鱼生活在热带和温带海洋，体似圆筒形，体长 80 多厘米。鲫鱼本身不擅长游泳，但它能吸附在鲨鱼、海龟和鲸类的腹部或船底，借以周游大海。因而被人称为"免费旅行家"。

　　鲫鱼是怎样吸附在其他物体或鱼类身体上的呢？原来它的第一背鳍已变态成为一个椭圆而扁平的吸盘，长在头顶。吸盘中间被一纵条分隔成两个区，每区都规则地排列着二三十条横皱，像是一扇百叶窗，其周围还有一圈皮膜。当

▲ 鲫鱼

吸盘贴在物体表面时，横皱条和皮膜立即竖起，挤出盘中的水，使整个吸盘变成一系列真空小室，然后借外部大气和水的巨大压力，牢固地吸附在该物上。鲫鱼在鲨鱼、鲸类身上吸附住以后，短时间内便会留下印盘的痕迹，鲫鱼的名字即由此而来。

　　鲫鱼吸盘的拉力有多大呢？传说古罗马一支舰队的旗舰，在航海途中被一条巨大的鲫鱼吸住，最后竟使船只沉没，葬身海底。所以鲫鱼的拉丁文词意为"使船遇难"的鱼。据测量，一条长约 60 厘米的小鲫鱼的吸盘，能轻易地经受 10 千克的拉力。

　　由于鲫鱼有吸附他物的绝技，马达加斯加、桑给巴尔、古巴和俄罗斯等国家的渔民就利用鲫鱼捕捉鲨鱼、鲸、海龟、海豚、金枪鱼，甚至鳄鱼。渔民把鲫鱼放养在海湾里，出海捕鱼时，用绳子系住鲫尾，拴在船后。到了捕捞海区就放开长绳，让它们吸附在捕捉对象的身上，只要慢慢将绳收回，就能有可喜的收获。

　　鲫鱼的吸盘给了海洋学家和仿生学家们很大的启示，他们将其原理应用在工程技术上，取得了可观的成效。例如荷兰发明了一种"吸锚"装置。这是一个空心的圆钢筒，顶端封死，由一根钢缆和吸管将此钢筒与舰船相连。船抛锚时，吸管另一端的抽气机把筒里的水吸光，使之成为真空状，利用筒外海水的巨大压力，几分钟内即可把钢筒压入足够深的海底泥沙中。据测定，吸锚在 20 米深

> 《 吸　盘 》
>
> 　　吸盘是某些动物用来把身体附着在其他物体上的器官，形状像圆盘，中间凹。乌贼、水蛭等都有这种器官。

海底的吸力能经住海面160吨重物的拖拉。一艘航空母舰或巨型油轮，只需十几个这样的吸锚，就可安全地锚定在海上。

其实，吸盘也并不是鲫鱼独有的，不少鱼类也具有这种吸盘。

吸盘是来自于鱼类身体某一部位的特殊结构，是鱼类在特殊环境下的又一种适应形式。

吸盘是某些鱼类在进化过程中逐渐形成的。当吸盘吸在岩石上时，吸盘内的气体或水被挤压出去，导致吸盘内部形成某种程度的真空，身体便被紧紧地吸附在岩石上。倘若你发现这样一尾趴伏在岩石上的鱼类，就是把它的身体撕破，也不一定能把它从岩石上拉下来。

具有吸盘的鱼类，其吸盘的位置大都在腹部。它是由腹鳍演变来的，是腹鳍最重要的变异。

有一种个体很小的爬岩鳅，生长在山溪急流中，在我国西南山区常可见到。它的水平而延长的胸鳍跟腹鳍连成一个椭圆形的大吸盘，占据了整个腹面。组成鳍的各软条，在体侧向各个水平方向展开。

鰕虎鱼是栖息于潮间带岩石上的一类小鱼，种类很多，它的左右腹鳍合并成一个较深的环状吸盘。

潮间带还有一种罕见的喉盘鱼，这种小鱼具有一个大而复杂的吸盘，由两个腹鳍和相近的肉褶形成。

圆鳍鱼和狮子鱼的腹鳍有更大的变异，已看不到腹鳍的形状，吸盘大而有力。

具有吸盘的鱼类，由于腹面贴附在岩石上，因而腹盘都是扁平的，腹面的鳞片都退化了。同时，其他的一些器官，如皮肤、鳞、口、鳍、肠和鳔等，也都发生了不同程度的变异，这些变异都是为了防止鱼体被水流冲走。

有一种圆口鲶就具有这样的结构。它不仅用吸盘状的口固定身体，而且还可利用腹鳍下面的一个装置，在急流中缓慢地匍匐移动，必要时还能沿河底岩穴的垂直壁向上爬行。

那么，当它们用口吸盘附着在岩石上或缓慢爬行时，如何进行呼吸呢？

不要紧，为了适应这种生活，这些鱼类改变了一般鱼类通常所具有的呼吸方式。

双孔鱼和某些鲶类每边的鳃孔分成了上下两部分。水从上孔进下孔出，从而解决了呼吸上的困难。

生活在山溪中具有口吸盘的某些鱼类，外鳃孔一般都变得很小，可贮存一定水量。山溪的水温低，含氧量高，当这些鱼类吸附固着时，可暂时停止呼吸，只需鳃腔中的水供给少量的氧就足够了。

生物与环境统一，结构与功能统一。在鱼类身上，处处都体现出了生物学的这一基本观点。

鲑鱼的磁感之谜

　　1979 年，在日本札幌市的丰平川里，人们 30 年来第一次看到成千上万的鲑鱼溯河而上。这些鱼是 1975 年从此地放出的鱼苗，它们游到大海里，经过 4 年的天然生长，现在又回来了！望着网中那一条条丰腴肥硕的鲑鱼，人们无不欢欣鼓舞。

　　鲑鱼的生长习性很特别。它在河流中孵化后，随即游向大海，在海中生活 3 ～ 5 年，长成成鱼，然后再洄游到自己出生的河流里，溯河产卵。产卵后的鲑鱼大部分很快死去。鲑鱼一生只有一次洄游，且距离极其漫长，有时竟达近万千米。

　　在亚洲，每年的九十月间，大马哈鱼（鲑鱼常见的一种）成群结队地从海洋进入江河，寻找水清砂石底的山涧水流开始产卵。卵经过 3 个月后孵出小鱼，小鱼在河沙里生活一段时间，大约在第二年的四五月，就成群结队地游向俄罗斯的鄂霍次克海，然后进入日本海。在海洋里经过 4 年左右便发育成熟，体重一般在 5 千克左右，大的可达 15 千克。这时，它们又成群结队地游回原来孵化的江河产卵。

　　在北美洲，有 5 种太平洋鲑鱼把卵产于从阿拉斯加到加利福尼亚的小溪中。待小鱼孵出后，成群的小鱼便沿河游向太平洋。它们以 1 ～ 5 年的时间发育成长，并在北太平洋以逆时针的方向环游一个极其巨大的椭圆形。之后，它们一群群地离开了大椭圆形，往回游。不知为什么，它们不但找到了大河口、支流和小溪，并且准确地回到了它们几年前被孵出的地方。于是母鲑鱼在那儿产卵，公鲑鱼在那儿授精。

> **鲑**
>
> 　　鲑是鱼类的一科，身体大，略呈纺锤形，鳞细而圆，是重要的食用鱼类。常见的有大马哈鱼。

　　鲑鱼的一生只繁殖一次。当它溯流游往江河产卵时，昼夜不停地前进，遇到障碍物就跳跃而过，直到抵达产卵场时才停歇下来。由于它进入淡水后即停止摄食，体力消耗殆尽，所以产完卵后已奄奄一息，不久就死了。

　　其实，不光鲑鱼有这种远航本领，灰鲸的远航和准确性也颇负盛名。灰鲸能从它们的觅食地北太平洋游到它们的出生地贝加——加利福尼亚的近海地区。

　　不过，鲑鱼的长游比所有这些动物都神奇。它们游过淡水的小溪、小河，游向大海，完全适应咸水的环境，然后再从几千甚至上万千米之外找到正确的河口，游往支流、小溪、瀑布、急流、湍流，到达当初它们出生的小溪。

　　人们对鲑鱼的洄游和航行进行了研究，并终于有了线索。鲑鱼并不是只有一个简单的导航系统，它靠着自身的几个系统，既能看着回家，也能嗅着回家，还能用类似海员的罗盘侦察航线的方法，觉察地球的磁场。

鲑鱼用嗅觉回家是人们早已知道的。每块产卵地都有一种幼鱼熟知的气味，当鲑鱼向上游时，是随着由它们出生地飘动到下游的气味而游动的。

鲑鱼也能看着游。虽然它们不会用六分仪来测量太阳的高度，但它们能觉察出太阳在天空的位置，据此它们可以知道自己处在什么地方，而且决定游动的方向，最终游到大海或是游到产卵地。

而这两种方法都有缺点。出生地的气味到河流下游会被冲淡，而在经常阴天或多雨的太平洋西北部，太阳并非总是看得见的。这样一来，它的磁觉就很重要了。这是三元导航工具的一个重要组成部分。

美国科学家奎恩·汤姆建造了一个比照罗盘四个方向的四角星形的大箱子，在夜间把三四十尾幼鲑鱼连同原水放入其中。这些小鱼在华盛顿湖中是往北游动的，夜间也是如此，如今它们在箱子中也游向北边的那一角。

但这还不能说明什么问题。这可能是鲑鱼通过敞着的箱子看见了箱顶而仍向北游动。难道是鲑鱼有很好的记忆力？也许是的。奎恩·汤姆后来又用一块极强的电磁体使鲑鱼可能感知的磁场的方向改变 90 度。这回鲑鱼改变了方向，不管箱顶是敞向夜空，还是用黑塑料布遮着，鲑鱼都改变了 90 度的航向，而且朝着改变了的磁场方向游去。

▲ 鲑鱼

那么，鲑鱼如何在太平洋做逆时针的环游？当它们游回家时，它们如何发现原河口？这些问题的答案我们都还不清楚。很可能磁觉在这两件事中都起作用，但也没有足够的证据来证明。还有，鲑鱼是如何感知地球磁场的？在家鸽、蜜蜂、蝴蝶的某些细菌体中都发现了磁微精——磁化的铁，然而，迄今为止在鲑鱼体中还没有发现这种微粒。这些问题都有待科学家们去继续研究、探索、揭示。

海鱼为何不咸

尝过海水的人都知道，海水又苦又涩，是根本不能喝的。据科学家研究，供人们饮用的水，含盐指标不能超过 5‰，而海水中的盐分，一般都在 35‰。有人细心地计算过，全世界海洋的总含盐量大约有 5 亿亿吨，体积合 2200 万立方千米。倘若把这些盐平铺在地球表面，盐层将足有 45 米厚；如果把它堆积到陆地上，陆地将增高 150 多米！

世界各地海洋的盐分含量并不完全相同。有的海域盐分很高，有的海域盐分很低，浓淡之差可达 130 多倍。世界上最淡的海是北欧的波罗的海盐度含量仅为 6‰左右，该海北部和东部的一些水域，盐度只有 2‰；世界上最咸的海是亚非大陆之间的红海，盐度可达 42‰，个别海底的盐度达 270‰，几乎成了盐的饱和溶液。

波罗的海和红海，两海一淡一咸，究竟是什么原因使它们具有这么大的差别呢？说起因由，不妨让我们对它们的成因先来作个比较。

波罗的海的纬度较高，气候凉湿，蒸发微弱。周围有维斯瓦、奥得、涅曼等大小 250 条河流注入，每年有 472 立方千米的淡水注入。这些对保持其淡水环境非常有利。加上四面几乎为陆地所环抱的内海形势，即使盐度较大的大西洋水体，也很难对淡化了的波罗的海海水特性有所改变。

然而，地处北回归线附近的红海，情况则大为不同。红海纬度偏低，又居干热地带，盐度自然很高。科学家们又进一步发现，红海在其发展的历史沿革中，曾有几度海进海退现象。海进时期，封闭的浅海或海滨泻湖环境，有利于高浓度的海水储存保持；海退时期，浅海（包括泻湖）干涸，海底又形成了很厚的盐层。今日海下的饱和性盐水，其盐分就是由海底的古盐层供应的。

那么，海水中的盐是从哪里来的呢？长期以来，人们都认为海水里所含的各种盐类是由河流在千百万年中一点一点地带到海洋里的。然而，这一假设的支持者却不能解释为什么海水中盐的成分与河水中盐的成分相差那么悬殊。此外，科学家们确认，几亿年以来海盐的化学成分并无变化，而在漫长的岁月中，河水中的盐的化学成分是有变化的。旧假说的支持者对此也不能自圆其说。

最近又有一种新的说法：海洋中的盐分来源于海底火山爆发。海洋学的研究证明，海底火山远比陆地上的火山多得多。而在火山喷出物中，就有可溶解化合物，其化学组成与海盐十分相近。

海水中含有那么多盐分，鱼要喝海水，盐分自然会向鱼体内渗透，那海鱼应该和海水一样咸才对啊。可实际并不是这样。为什么海水是咸的，而生活在海水里的鱼却没有一点咸味呢？

▲ 鲈鱼

原来，生活在海洋里的鱼类及其他一些生物的体内都有自己天然的"海水淡化器"，能把海水中的盐分去掉，变成所需要的淡水。海龟在爬到岸边产卵繁殖后代时，两眼会淌着泪水，但这并不是因为疼痛而落泪，而是在排泄体内的盐液。"鳄鱼的眼泪"也是盐溶液。海鸥和信天翁等海鸟在喝海水时，把经过淡化的水咽下去，再把盐溶液吐出来。生活在海水中的鱼类虽然不具备海龟、鳄鱼和海鸟那样的盐腺，但它们能靠鳃丝上的排盐细胞——氯化物分泌细胞来排泄盐。这些细胞把海水过滤为淡水的工作效率非常高，即使是世界上最先进的海水淡化装置也望尘莫及。这种高效率工作的细胞，可把血液中多余的盐分及时地排出体外，使鱼体内始终保持适当的低盐分。

有趣的是，把淡水鱼跟其赖以生存的淡水相比，又可说淡水鱼不淡。淡水鱼体内保持的恒定的盐分要比淡水的含盐量高，这又是什么道理呢？原来淡水鱼的鳃丝上不是排盐细胞，而是吸盐细胞，也叫做吸氯细胞，它可根据需要把水中的盐分及时吸入体内。淡水鱼不仅鳃上有吸盐细胞，肾脏上也有吸盐细胞。另外，淡水鱼还用多泌尿的办法来维持体内盐分和水分的平衡。据说，淡水鱼比海水鱼的泌尿量要高几十倍。可见，咸水鱼不咸，淡水鱼不淡。这一有趣的生命现象，是生物在长期的适应环境条件的过程中形成的。

目前，地球的陆地上有60%的地区雨水稀少，淡水奇缺。像沙特阿拉伯，人们吃的、用的水，几乎全部是人造水。他们以很大的代价把海水淡化，有时甚至到南极拖运冰山。目前，海水淡化有许多新的方法，如用太阳能淡化海水等。但这些方法不是投资大，就是困难重重，都很不理想。所以科学家们正在积极研究海鱼鳃片氯化物分泌细胞的原理和结构，试图为人类设计最理想的海水淡化器。

珍稀古老的中华鲟

"黄鱼"，学名中华鲟，体形特大，是有名的"长江鱼王"。《夔州府志》记载："夔州上水四十里，有黄草峡，出黄鱼，大者数百斤。"

中华鲟古称鳣鱼、蜡鱼、鲟鳇鱼，我国远在周朝就有了文字记载。《本草纲目》记有："鳣出江淮、黄河、辽海深水处，无鳞大鱼也。""其背有骨甲三行，其鼻长有须，其口近颔下，其尾歧。""其小者近百斤。其大者长二三丈，至一二千斤。""其脊骨及鼻，并鳍与鳃，皆脆软可食。其肚子及子盐藏亦佳。其鳔亦可作胶。其肉骨煮炙及作鲊皆美。"李时珍不仅正确描述了中华鲟的形态特征和个体大小，而且还明确指出了其江海洄游的生活特性以及广泛的食用价值。

中华鲟是在白垩纪后期（中生代），从北极浅海区迁居到太平洋生活的一种鱼类，距今已有两亿三千万年的生存史了。在宜昌的第四纪地层中，发现有它们的化石，证实了它是一种非常古老的鱼类，堪称动物的"活化石"。因此，国际动物协会订有保护这类动物的条例，我国已将其列为一级保护对象。

中华鲟个体较大，大者有 500 多千克，平均达 200 千克左右。据研究，中华鲟平均年增重可达 10 多千克，比一般家鱼生长快得多。中华鲟不仅具有很高的学术研究价值，而且也是长江上游重要的经济鱼类之一。中华鲟皮可制革；鳔可入药；脊骨、鼻骨软脆，为馔中名菜；肉味鲜美，营养价值高，易于消化，被国际上誉为名菜佳肴、席上珍品；尤其是鱼卵，在国际上有"黑珍珠"之美称，含脂量极高，制成的鱼子酱是国际上竞相争购的珍贵食品。因此，利用我国广阔的江湖水面发展鲟鱼养殖业，具有极大的经济价值和广阔的前景。

中华鲟体呈纺锤形。吻长，前端略向上翘。口下位，口前有 4 根并列的短须，胸腹部平直。身体具有 5 行骨板，背侧部 3 行，腹部 2 行。尾鳍歪形，上叶远大于下叶。肠内有 7～8 个螺旋瓣。

中华鲟是江海洄游性鱼类，幼鱼下海肥育生长，直到性腺成熟方才溯江而上，回到其出生之地产卵繁殖。中华鲟的生命周期很长，通常雄鱼 9 龄、雌鱼 16 龄方才达到性成熟，虽然"小男大女"在鱼类中并不少见，但像这种年龄相差如此悬殊的不相称的"婚配"，却也是屈指可数的了。每年 9 月下旬至 11

> ## 《 中华鲟 》
>
> 中华鲟体呈纺锤形，长约 1.7~3.2 米，吻尖突，幼鱼皮肤光滑。属江海洄游性大型鱼类，最大个体重 560 千克。主要分布于长江、珠海、闽江、钱塘江、南海和东海。

月上旬，性成熟的中华鲟由海入江，长途跋涉数千里，直抵四川江段方才寻找合适的产卵场所产卵。"少小离家老大回"，中华鲟从小就随流入海，但经过十多年漫长的岁月，却依然能准确地找到它们出生的"摇篮"，奥秘何在？这不能不说是个谜。

▲ 中华鲟

正如杜甫"泥沙卷涎沫，回首怪龙鳞"的诗句所说，中华鲟是底层鱼类，喜在多泥沙的流水深槽中栖息，体表除五行骨板外，裸露无鳞。为减少贴底游泳所造成的机械损伤，同其他无鳞鱼类一样，中华鲟皮肤的黏液腺也特别发达，诗中"涎沫"一词就是指遍布全身的黏液。诗句通过一个"卷"字，形象地描绘了体表黏滑的中华鲟，喜欢在泥沙江底生活的生动情景。

中华鲟的产卵场分布在四川境内的长江上游和金沙江下游江段，河道弯曲，流态复杂，常有不断上涌的"泡漩水"。鲟卵产出后，迅速随水冲散，黏附在江底卵石上发育孵化，大约 5 天左右时间，就可孵化出苗。中华鲟产卵量高达 100 多万粒，但每逢产卵季节，铜鱼、黄颡鱼等必成群结队尾随其后，大量吞食鲟卵和鲟苗，造成极大危害。再加上葛洲坝横截长江，隔断了中华鲟亲鱼入川产卵、幼鱼下海育肥的通道，使中华鲟的天然增殖受到了严重的影响。对此，有关方面颇为重视，拟采用集运鱼船、升鱼机等过鱼设施。不过，令人可喜的是，已在坝下发现了中华鲟产卵后自然孵化的鱼苗，但由于大坝冲沙掩埋了大量黏附于河床砾面上的鱼卵，其繁殖率很低，仔鱼数量不多。且坝下产孵场距海口近，子幼鱼未发育充分即下海育肥，伤亡很大。为了保护中华鲟，全国中华鲟人工繁殖协作组在坝下进行人工孵化试验，获得成功，孵出鱼苗 40 万尾。这为保护中华鲟鱼资源开辟了一条新路。

中华鲟繁衍发展的新途径

1985年4月19日，长江葛洲坝二、三江工程竣工。国家验收会会场上，几十条长约三寸、体重逾一百克的稀有鱼苗在两口特制的玻璃水缸里摇首摆尾，吸引了许多与会者。这就是葛洲坝工程局水产处的科研人员用人工繁殖的方法培育出来的中华鲟幼鱼，它标志着葛洲坝救鱼工作有了重大突破。正如葛洲坝二、三江工程竣工验收鉴定书上所说的那样，葛洲坝建设者"找到了保护和发展中华鲟资源的途径"。

中华鲟，俗名鲟龙鱼，是地球上恐龙时代古棘鱼类延续至今的一种活化石，具有很高的经济价值和科学价值，属国家重点保护的珍贵鱼种。它历经一亿四千多万年而不灭绝，洄游时溯流两千多千米而不迷失方向，对古生物学、地质学、仿生学的研究都有重要意义。它是一种洄游于江海咸、淡水之间的大型鱼类，约可生存50年。它头尖吻长，口在颌下，尾如机翼，流线型的身躯像是一艘潜水艇，腹背长着五排花纹图案形的硬骨甲，煞是好看。世界上的河流中只有我国长江才有这种鱼的群体。它在江里出生，海里长大，一般要9～14年才能成熟。每年春末，成熟的亲鱼成群结队地从东海进入长江，遨游到遥远的金沙江"度蜜月"，而绝不在中途折回。

中华鲟个体较大，大的可达上千斤，小的也有三五百斤，是世界上现存27种鲟鱼中的佼佼者。它遍身是宝，肉卵可食，皮能制革，鳔可制药。尤其是鲟卵，是制作鱼子酱的上等原料。欧美市场上一千克鱼子可卖240美元，一条中等雌鲟鱼一次所产的卵可装满两大水桶，相当于50头肥牛的身价！

葛洲坝工程1981年截流后，阻塞了中华鲟到长江上游产卵的洄游通道。入秋，成群的鲟亲鱼滞留坝下，不时跃出水面，显得烦躁不安。这引起了人们的忧虑：建了葛洲坝，中华鲟会不会绝种？长江生态会不会遭到破坏？

中华鲟是国宝，救护并发展中华鲟资源受到国内各方面的重视。葛洲坝水利枢纽原来设计留有鱼

《珍贵的中华鲟》

中华鲟在黄海、东海长大后回到长江，第一年的9月份到达宜昌，第二年的秋天游到金沙江产卵。沿途经过邻近的鄱阳湖、洞庭湖，可是它们都不去，偏偏要顶逆流、战巨浪，遨游到遥远的金沙江。这除去它们令人羡慕的顽强性格以外，还因为那里的气候、水的流速、泥沙等条件，适合产卵。到达金沙江以后，雌鱼把卵产在石头上，雄鱼紧跟着授精。雌鱼产卵相当多，但成活后回到海里的鱼却很少，基本上是一条鱼产一条鱼。这是因为鱼卵的受精率是40%～50%，有一部分卵被沙石埋没，而有很大一部分被一种专吃鲟卵的铜鱼吞食。

道，1981 年夏，在北京的全国性葛洲坝救鲟学术会议上，专家们进行了广泛的研究、论证。华中农学院水产系教授易伯鲁等人提出："无需在葛洲坝工程建筑过鱼设施，用人工繁殖放流的方法，是保护与增殖中华鲟可行而有效的措施。"大多数专家赞同这个意见，从而确定了人工繁

▲ 珍贵的中华鲟

殖放流中华鲟的方针。经国家经委批准，农牧渔业部和水电部协商同意，于 1982 年 6 月组建了救护中华鲟的专业科研单位——葛洲坝工程局水产处。同时，在葛洲坝库区支流黄柏河中的人工岛上建成了我国第一个中华鲟人工繁殖放流站。这里的科研人员于 1984 年 10 月首次成功培育出五万尾鲟苗，并在坝下放流了六千尾有生存能力的幼鲟。以后每年将陆续放流近万尾合格的幼鲟。这是一项了不起的成果。

在葛洲坝工程局水产处可看到，4 条网捕的成鲟亲鱼正在采取特别供水方式的蓄养池内绝食静伏，待秋后产卵，即将放流到长江下游去的 50 多尾幼鲟在暂养间的大水缸里争食饵料，它们有一斤多重，长势喜人。

除向长江下游放流人工繁殖的幼鲟外，他们还把在坝下"请愿"、"示威"的成鲟捕"请"过坝，送它们回老家生儿育女，以保护种群。3 年中网捕过坝 83 条亲鱼。1982 年底，中国科学院水生生物研究所的科研人员还在葛洲坝下游宜昌江段发现了中华鲟的天然产卵场和幼鲟。

过去，中华鲟"远征"到金沙江后，雌鱼把上百万颗卵产在石头上，雄鱼跟着授精。但遗憾的是它们只管生，不管养，号称"长江鱼王"却无护幼能力。随波逐流的受精卵多灾多难，大部分被黄鳝、鲴鱼吞食，一部分被泥沙掩埋，能闯荡大海的寥寥无几。如果采用人工繁殖，受精率提高一倍，又无敌害侵袭，孵化的幼鲟有 20% 至 30% 可放流到海里去育肥。如有 5% 的成鲟回到长江，那么十余年后，葛洲坝下就是一个巨大的渔场了。人们有理由相信：葛洲坝的兴建和人工养殖放流的实践，将使中华鲟这一江海奇珍因祸得福，不但不会灭绝，还可借助科学技术的进步，结束亿万年来"广种薄收"的不景气局面，大规模地增殖后代，为人类造福。

现在采取人工繁殖的方法，幼鱼成活率比自然繁殖的成活率高出许多倍，因为首先避免了被鲴鱼吃掉的危险。其做法是，捕捞到临近产卵的成熟雌鲟，经过注射催产剂，24 小时后产卵，然后和雄鲟的精子放在一起受精，受精率可达 80%。在气温 20 摄氏度的情况下，5 天左右即孵化出幼鲟，出鲟率约为 50%。小鲟出生后，自然死亡率约为 50%。一条雌鲟产的卵，由人工繁殖可以得到 10 万到 20 万尾幼鲟。

水中的"熊猫"——白鲟

在长江最为著名的四大淡水鱼类——"枪、鲟、鲥、鳅"中，最珍贵的当推俗称"枪鱼"、"象鱼"的白鲟了。

白鲟是我国特有的大型经济鱼类，名列淡水鱼之首。目前已发现的最大的白鲟体长约 7 米，重约 2 吨。

白鲟皆呈灰绿色，腹呈白色。头颇长，吻突出呈剑状。口大，下位，能伸缩，口前具短须一对。眼小，体裸露。它平时喜欢吃甲壳动物、小虾之类的小动物，但在春夏之交，特别喜欢吃鲚鱼。

白鲟是距今已有 1.5 亿年的中生代白垩纪残存下来的极少数古代鱼类之一，分布地域极为有限，为我国独有，集中分布在长江流域一带，钱塘江、黄河下游亦有发现。白鲟极具学术研究价值，被喻为鱼类中的"熊猫"，是中外瞩目的"稀世之珍"。

白鲟古称鲔、鳣。我国远在 3000 多年以前就已对它做了比较准确的形态解剖记载。《礼记》记述："鲔口在颌下，长鼻软骨者也。"这两句话言简意赅，形象而准确地描述了白鲟最主要的形态分类特征。白鲟为软骨硬鳞鱼类，口在头的腹面，体呈长梭形，歪形尾，整个体表裸露无鳞，仅尾鳍上叶有少许长菱形的硬鳞。白鲟和一般淡水鱼最大的区别，首先在于骨骼的结构不同。白鲟尽管性情凶猛，但却是典型的"软骨头"，它的脊柱不像硬骨鱼类由算盘珠式双凹形的骨化了的椎体连接而成，而是由圆棒状的发达而有弹性的胶质脊索组成，脊索靠着坚韧的脊索鞘和背腹面较大的软骨片进行保护和支撑。当然，"软骨"是外表见不到的特征，若从外形上一眼就能辨别的，还是白鲟那特别惹人注意的"长鼻"。白鲟的"长鼻"在淡水鱼类中是无与伦比的，幼体时可达体长的一半以上，正是由于这一特征，白鲟才被形象地称作"象鱼"、"枪鱼"和"剑鱼"。其实，白鲟的"长鼻"并非真正的鼻子，而是吻部的特化延长，所以丝毫没有呼吸作用，倒有点像"枪"和"剑"，是必不可少的进攻性的"武器"哩！

白鲟是肉食性的凶猛鱼类，活泼健泳，但眼甚小，视觉很不发达，靠着长"枪"两侧的梅花

<< 淡水鱼之王 >>

扬子江鲟是淡水鱼之王。它之所以能称王，是因为它体长个大，岁数有的已过百了。

扬子江鲟可分为三种：长江鲟、中华鲟和白鲟。其中以中华鲟和白鲟的个头最大。白鲟体长可达 7 米，重可达 2 吨，主要生活在长江中、下游。

鲟鱼和鲑鱼类似，出生在内陆的长江大河，却在海里成长。

状的感觉器官——陷器，白鲟才得以发现躲藏在泥沙和洞穴中的鱼、虾和其他动物，并利用这柄"长枪"作为挖掘、驱赶和攻击的武器，以便更好地摄食。

白鲟虽在整个长江干流及其主要支流和湖泊中有分布记录，但其产卵场却仅分布在长江上游和金沙江下游，以江安市香炉滩至宜宾市枸树溪一带最为集中。白鲟春季产卵，产卵期为3月中旬至5月上旬，雌鱼怀卵量大，高龄雌鱼产卵可达百万粒。但由于本身种群数量不大，且幼鱼有集群和近岸游弋的习性，易被沿江的密网捕获，造成补充群体匮乏，所以，整个白鲟种族的自然增殖非常缓慢。为了保护这

▲ 白鲟

一世界绝无仅有的珍稀鱼类，今后应严格限制捕捞规格和捕捞数量，特别是在白鲟的繁殖季节和幼鱼索饵期间，要划定禁渔期和禁渔场，取缔危害幼鱼资源的有害渔具。与此同时，还应积极开展人工繁殖和研究，培育合格苗种，进行江河投放。通过自然资源繁殖保护结合江河人工增殖的办法，促进白鲟资源的稳步发展。

由于人们肆意滥捕鲟鱼，鲟科鱼类的数量大大减少，已成为濒于绝种的古代遗留的种类。目前鲟鱼已被列为我国一级自然保护动物，以保证"淡水鱼之王"不至于遭到灭绝的危险。

水中"活化石"——鳇鱼

鳇鱼在全世界仅有两种，即黑龙江的鳇鱼和生活在海洋中的欧洲鳇鱼。黑龙江的鳇鱼终年生活在江河中，是淡水鱼中最大的鱼类之一。一般体长 2 ～ 3 米，体重 200 ～ 400 千克。当然这只是个平均值，有比这大得多的鳇鱼，如 1979 年黑龙江少萝北县捕获的一尾重达 500 千克，1980 年捕获的一尾重达 524 千克，1983 年捕获的一尾重达 560 千克。据史料记载，鳇鱼最大者可达 5 米以上，体重 1 吨左右。

鳇鱼素有水中"活化石"之称，历史悠久。黑龙江的鳇鱼是在很久以前，白令海峡封闭期间，生活在太平洋北方生物地带的南迁品种，由于第四纪冰川、北冰洋冷水穿过白令海峡南伸的影响，迫使某些鲟科鱼类沿着太平洋浅海岸向南迁移，进入黑龙江、黄河河口安家落户，成为江河的定居型鳇鱼。生活在黄河的鳇鱼，因肆意滥捕和环境恶变而销声匿迹，唯有黑龙江的鳇鱼幸存繁衍，安然生活下来。距今大约一亿五千万年的中生代的上白垩纪就有鳇鱼，它是残存下来的极少数古代鱼类之一，堪称稀世之珍，是我们研究鱼类演变进化的活化石。

▲ 鳇鱼

鳇鱼，虽然几经地球的沧桑巨变、物换星移的严峻考验，至今仍保留着与现代鱼类迥然不同的原始鱼类的仪表风姿。它头前长着微翘的三角形鼻子，既尖又长，好像一支攻击敌人的长矛；脑颅软骨质，仅有少数硬骨，外部被起伏不平的变态鳞片所覆盖；一对罕有的喷水孔，配上一双与身体极不相称的细小眼睛，半月形的口唇宽大得像个大喇叭；身体表面裸露无鳞，只有五行纵列的菱形骨板鳞，末端长着尖锐微弯的刺；一别致的歪形尾巴，上叶细长，下叶粗短，很像古代的船舵……这些形态特征，不仅产生出许多动人的传说，也是它的主要科学研究价值之所在。

鳇鱼性情孤僻懒惰，举止愚笨，没有兴趣漫游四方，也不做长距离洄游，终年栖息在深水处，过着寂寞的独居生活。

鳇鱼属肉食鱼类，凶猛贪婪，所向无敌。它常常潜伏在江河的急水流与稳水流交汇的旋涡处，当成群悠然的小鱼被突变的水流冲击得晕头转向时，鳇鱼便乘机施展它那偷袭式的掠食绝技，大口吞食送上嘴边的美味佳肴。它那胃囊像一个大胶皮口袋，容纳的食物能达体重的 6%以上。据说曾经解剖过一尾 250 千克重的鳇鱼，发现其胃内竟有约 15 千克重的食物，可见叫它"水中之虎"并不过分。鳇鱼没有牙齿，却能消化大量肉类食物，是因为其粗短的肠道有着奇特的构造——内壁上生长着旋转七圈的螺旋瓣，有极强的消化吸收功能。

鳇鱼食量大，生长快。刚破壳降生的幼鱼仅有 13 毫米长，0.4 克重，而 30 年后就成为长 3 米、体重达 250 千克的大鱼，平均每年增重约 8 千克，如此生长速度在鱼类家族中是独一无二的。鳇鱼的一生中，生长速度最快的阶段是达 10 龄后，此时的成鱼每年增重约 14 千克，最多的达 18 千克，创造了水族中的生长奇迹。可是鳇鱼的青春期却来得异常缓慢，出生后的第 16 年甚至 20 年以后，性腺才发育成熟。但鳇鱼一旦成熟，即可怀卵 60 万～ 400 万粒。一条 500 千克重的雌鱼，卵巢约重有 90 千克，怀卵约 300 万粒。黑龙江的 5 月，碧波荡漾，春意盎然，雌雄鱼姗姗来到卵场追逐嬉游，然后交尾产卵。此时鱼群云聚，形成了黑龙江渔业中独特的捕鳇期。

> ◀ **定居淡水的鳇鱼** ▶
>
> 鳇鱼是江河中最大型的鱼种之一。其体重一般为 50~200 千克，最大的鳇鱼体长可达 5.6 米，重 1 吨左右。它不进入海域，是淡水江河定居型的鱼类。目前人工繁殖已获得成功，为鳇鱼的大量繁殖开辟了广阔前景。

用鳇鱼的胸鳍条制成薄如翼膜的骨片，可在显微镜下鉴定其年龄。常见的群体大约在 20 ～ 35 岁之间，其中一条 500 千克重的大鱼竟是 54 岁的高龄老者。这样高的年龄在现代淡水鱼类史上是罕见的，所以称它"鱼类老寿星"并不过誉。

鳇鱼的肉质鲜美丰厚、营养丰富、细嫩多脂、风味特异，可以加工成独具特色的盐渍、熏烤、鱼冻等食品。特别是盐渍的卵粒，圆润晶莹，墨绿透明，味道醇香，营养价值极高，是国际市场上推崇备至的名贵佳肴。鳇鱼几乎全身可食，透明软脆的鼻骨、胃和肠，以及鱼鳍干制的"鱼翅"、富含胶原蛋白的鱼鳔精制的"鱼肚"，都是高级筵席上难得的美味。鱼鼻子是民间催乳良药；鱼鳔和脊索是工业用的高级鱼胶原料；鱼骨是家禽的饲料和农田的肥料；鱼皮制成的皮革，更是美观耐用的箱包制品。

四大家鱼——青、草、鲢、鳙

习惯上，人们把青、草、鲢、鳙这四种淡水鱼称为"四大家鱼"。这是因为它们是我国劳动人民经过长期探索和总结后驯化出来并能以人工养殖方式大幅度提高产量的鱼类。

我国的淡水养殖业历史悠久，可追溯到春秋战国时期。

一般认为，早在公元前 20 世纪，我们的祖先就已开始结网捕鱼。西周时，曾经设置过专门负责管理捕鱼的职能机构。但在池塘中养鱼，则始于公元前 12 世纪的殷商时代。对此，可以殷墟出土的甲骨文为证。在甲骨卜辞中，有"贞其雨，在圃鱼"、"在圃鱼，十一月"之句。就句意分析，在园圃里捕鱼，必是池塘之鱼，而池塘中的鱼在很大程度上应该是人工饲养的。

真正对鱼类养殖有历史记载的，是在公元前 473 年。越人范蠡在总结前人的基础上，写出了我国也是世界上第一部养鱼的专门文献——《养鱼经》。在这本书里，范蠡对鲤鱼的养殖方法、良种选择、产卵孵化和鱼池建设等方面都做了全面的阐述。算起来，距今已有 2400 多年了。

由此可知，我国古代劳动人民很早就已经开发和利用各种水域，从事养鱼生产了。他们从亲身的实践中，懂得了"养鱼种竹千倍利"、"靠山吃山，靠水吃水"这些朴素而实实在在的道理。

其实在最初，人们养殖的主要对象并不是青、草、鲢、鳙，而是鲤鱼。到了唐代，因皇帝李姓，同鲤谐音，鲤便成了皇族的象征，法律上规定禁止捕食。百姓中有卖鲤和食鲤者，则被视为触犯法律而受到处罚。皇家还专门在各地设立了放生池，渔获物中如夹有鲤鱼，必须放生。

这样，从唐代开始，日趋繁盛的养鲤业受到了极大的抵制。在这种情况下，人们不得不去寻求新的养殖品种。

人们逐步发现，青鱼、草鱼、鲢鱼、鳙鱼这四种鱼，不仅味美肉嫩，而且投资少、成本低、生长快、产量高、易饲养，因而从宋代开始便成为人们的主要养殖对象。一千多年来，这四种鱼的养殖地位从未发

《青 鱼》

青鱼体呈亚圆筒形，青黑色，鳍灰黑色，体长可达 1 米多。栖息中下层，主食螺蛳、蚌、虾和水生昆虫。4~5 龄性成熟，在河流上游产卵，可人工繁殖。个体大，生长迅速，肉味美，为中国主要淡水养殖鱼类之一。分布于中国各大水系，主产于长江以南平原地区。

▲ 青鱼

生过变化。久而久之，人们就很自然地把它们叫做"四大家鱼"了。

到了明代，四大家鱼的养殖已相当普遍，而且逐步从粗养发展到精养，在捕捞鱼苗、培育鱼种、成鱼养殖及防治鱼病等方面都取得了很大的进展。这些技术先后传播到欧洲一些国家，对这些国家养殖业的开展起到了很大的促进作用。

我国养殖四大家鱼的方式，主要有单养和混合放养两种。

所谓混合放养，即在每年春节前后，把四大家鱼和少量其他鱼类（鲤、鲫、鳊等）按照一定比例搭配，共同投放在同一水体中进行饲养。和在同一水休中只投放一种鱼的单养方式相比，混合放养具有十分明显的优越性。

青鱼和鲫鱼生活在水的底层，吃底栖的昆虫和软体物。草鱼生活在水的中层，吃水草。鲢鱼和鳙鱼生活在水的中上层，鲢鱼以浮游植物如鼓藻、硅藻和其他单细胞藻类为食，而鳙鱼则滤食陇虫、水蚤和其他小型甲壳类浮游动物。它们生活在不同水层，又获取不同的食饵对象，因此同时放养在一个池塘里冲突不大，相反地，还可以相互调剂、相互利用。例如，草鱼吃水草，它的粪便沉落水底，正好给鱼塘施上了肥，使浮游动植物得以滋生发育，鲢鱼和鳙鱼便不愁没有食物了。鲫鱼是杂食性的，它什么都吃，可以把青鱼、草鱼吃剩的食物残滓吃掉，起到清塘的作用。鲢鱼和鳙鱼生活在水的中上层，它们不时在水面迅速灵活地游动，鲢鱼有时还会跳出水面，由于它们的游动，使池水翻腾，促进了氧的溶解，有利于鱼体的呼吸。把这几种鱼混合放养在一个池塘里，使各水层得到充分利用。

当然，在混合放养时，还需注意各种鱼类数量的合理分配，这必须根据水池的环境、水质和各种鱼类在不同生长发育阶段所需的生活条件来决定。在鱼苗和幼鱼期，这几种鱼多以浮游生物为主要食料，对氧的要求也很高。在放养过程中还要注意给鱼塘施肥，促进饵料的繁殖增长。生长到一定时间，它们的食性才有分化，这时要按比例搭配混养。水质较肥的，可以多放些鲢鱼、鳙鱼；多水草的，要少放鲢鱼、鳙鱼。这样，便可以获得更大的丰收。

有生命的割草机

马吃草、牛吃草、羊也吃草，这已成了我们的生活常识了。然而，有的鱼类也能吃草，这对我们来说却是比较新鲜的。草鱼便是其中的一种。

草鱼，也叫鲩、鲩、草根子、猴子鱼等，是我国著名的四大家鱼之一，也是我国淡水养殖的优质鱼类之一。

草鱼以草为食，吃草量大，能清除水体中及沿岸一带的草。它原产于我国长江，现已推广到全国各地，并被引进到世界上 90 多个国家。

草鱼是一种大型鱼类，它刺少、肉味鲜美、肉质细嫩，因此极受欢迎。草鱼的生长速度很快，适应性也很强，常常同鲢鱼、鳙鱼一起混养。在自然条件下，草鱼最大个体重量可达 50 千克；在人工饲养条件下，草鱼最大个体重量也可达 10 ～ 15 千克。在四大家鱼中，草鱼生长速度较快，一般饲养两年就可长到 1.5 ～ 2.5 千克。

草鱼体呈圆筒形，头平，腹圆，鳞片大而圆，鱼体金黄色，背部青绿色。草鱼喜欢清澈水域，多在水草茂盛的流水中活动。在池塘饲养条件下，草鱼常栖息在水的中层，只有吃食时才到上层活动。草鱼由于没有消化纤维素的酶，所以对草的消化率很低，排粪量大，常常会使水质过肥而不适宜草鱼生长。因此，要在养殖草鱼的池塘里混养一定比例的鲢鱼、鳙鱼，以净化水质。

草是一种具有纤维素的植物，所以较难拉断，而草鱼又不能整吞，在草鱼的口中也没有见到能磨碎草的牙齿，那么，它用什么把草磨碎呢？原来在草鱼的口腔内，有一个小型的"碎草机"，着生于咽喉部位，因此也称咽喉齿。咽喉齿是鲤科鱼类分类的根据。草鱼的咽喉齿每侧有两排带花纹的牙，这样的牙齿有一个很好的磨面，两排牙齿左右相嵌，相对牙齿的上面有一坚硬的角质垫。草鱼用口的上下颌咬住草，靠头甩动把草拉断，再由咽喉齿的活动把草磨碎。

生活在水草丰盛的湖泊或河流流动平缓浅湾一带的鳊和鲂，也常以草为食。但这些鱼有时也吃些小型无脊椎动物。它们生长虽比草鱼缓慢，但肉味却很鲜美，也是淡水养殖业的优良品种，其中以长江流域盛产的团头鲂最为名贵。毛主席诗词中提到的"武昌鱼"，指的正是长江中游一带的团头鲂。

这一类鱼的口有坚利的角质的喙状上下颌，虽

> **草 鱼**
>
> 草鱼体延长，亚圆筒形，最长可达 1 米多。栖息于水的中、下层，以水草为食。3~4 龄成熟，在江河上游产卵，可人工繁殖。鱼苗易得，生长快。分布于中国各大水系。

▲ 草鱼

然"喙"也经常脱落更新，但这一构造是用于切断压碎食物的。因此，它们的"碎草机"——咽喉齿，当然也就不像草鱼那样强大了。

世界上不少国家，特别是一些热带、亚热带国家的内陆水域、灌溉渠道、运河航道，由于水草丛生，致使水流受阻、航道堵塞，甚至一些水利设施和水力发电设备也受到威胁。为了消除这些隐患，不少国家每年要耗费大量人力、财力用于清理这些水草。据说美国的路易斯安那州、佛罗里达州和得克萨斯州，每年用于清理航道杂草的费用就达一千一百多万美元。但即使如此，也未能收到良好的效果。因为机械除草花费甚巨，而化学除草又污染水质，于是有些国家想到了中国的草鱼，希望利用草鱼的食草习性进行生物防治。经过专门试验，居然收到了奇效！凡放养草鱼的水域，水草的生长繁殖都受到了抑制。同时，草鱼不仅能有效控制水草的繁殖，还能为人们提供肉类。这样一来，利用中国草鱼清理内陆水域水草的方法就引起了广泛的注意。现在世界上已有90多个国家引进并养殖中国草鱼了。

草鱼的食草能力是相当惊人的，吃草时能一段一段地把青草剪断往肠胃里填送。据观察，一条草鱼每昼夜的食草量相当于自身体重的40%～120%。一条二三龄的草鱼，一年就要吃下几百千克青草，因而有人称它为"有生命的割草机"。现在世界上越来越多的国家利用中国草鱼这部"有生命的割草机"来为内陆水体清理水草，并被一些国家认为是"最好的方法"。

鲤鱼的故事

我国传说的鲤鱼，体阔背厚，火翅金鳞，侧线鳞 36 片，排列十分整齐，习性温顺，从不互相残食，又柔中有刚，遇险阻腾空跃起。鲤鱼食性广，青草、浮游生物、底栖动物、碎腐残饵、腐殖物和水生昆虫均可摄食。

在唐代，李氏坐天下，"鲤"和"李"字同音，鱼"姓"了皇帝的姓，一夜间便成了"皇亲国戚"，顿时身价百倍。那时，皇室以鲤为佩，军队以鲤为符。鲤鱼交上好运，百姓却遭了殃。官府出示布告，凡捕到鲤鱼一律放生，凡出售鲤鱼者重打 60 大板。鲤鱼从此变成一不能捕、二不能卖、三不能吃的"圣鱼"，再也无人花费精力去饲养了。贫苦的渔民为谋生计，只好另寻新品种养殖，后来才找到了草、青、鲢、鳙逐渐取而代之。

不让捕不让卖，可没说不让养鲤鱼啊！在闽北有一座千年古镇——镇前镇，有一条穿镇而过的"鲤鱼溪"，人鱼代代共处已有数百年历史了。

镇前镇坐落在海拔近千米的高山上，"鲤鱼溪"长约数千米，宽不过七八米。站在横跨小溪的拱桥上向水中望去，桥下溪水清清，溪边嫩草翠绿，上百条盈尺长的大鲤鱼往来游水嬉戏，有的遍体金鳞，有的通身红色，在阳光的衬托下色彩斑斓，煞是好看。

溪里的鲤鱼不怕人。溪边石阶上，有三三两两的溪边人家在淘米洗菜，鱼群游近争食落入水中的碎米和菜叶。一位大嫂笑着说："洗菜洗肉要小心啊，鱼经常从人手里抢东西吃。"镇上人说，夏天小孩子在溪里游水，常常一人抱着一条大鱼玩半天。

"鲤鱼溪"年代久远，镇里人视溪中鲤鱼为吉祥之物，爱鱼之风代代相传。镇里的乡规民约明文规定，伤害溪中的鲤鱼将受到严惩。这里民风纯朴，从未发生偷食鲤鱼之事。

镇里还有一座"鱼冢"，那是溪边的一座小土仓。溪里的鲤鱼老病死亡，当地人就捞起埋在这里，每年清明时节，镇上居民还纷纷前来凭吊。

清朝末年，曾出现过一次鲤鱼群为西太后跳"寿"字的奇观。那是光绪三十年（1904 年）十月初十，是慈禧太后 70 大寿的日子。当天秋高气爽，颐和园内郁郁葱葱的万寿山，衬托着蔚蓝的天空，碧绿的昆明湖水，环抱着湖畔四周的楼台亭榭。上午九时，西太后露面了，鼓乐齐鸣。礼毕，太后心情极好，召醇亲王载沣、恭亲王溥沩、镇国公意普及袁世凯等满汉近臣闲谈。大约十点钟，突然，距离十几米远处，一片空旷的水面慢慢地沸腾起来，湖中鲤鱼一排排急促游动，仿佛很有规律。它们先是喁喁向上，好像是在向太后祝寿。时隔不久，随着游动鱼群的增加，鱼儿开始欢腾跳跃，好似把祝寿推向高潮。正当众人倚栏俯瞰之际，人们发现鱼群欢悦跳起的形状仿佛是一个偌大的"寿"字，足有3米见方！这时，不仅太后，连所有在座的人都被这奇观惊呆了。在又惊又奇之时，有些惯于阿谀的人纷纷奉承道："鱼儿在给太后祝寿呢！"果真是这样吗？

原来，鲤鱼欢跳出一个一个"寿"字的奇观是这样形成的。事前，李莲英让身边的人在离昆明湖北岸两米以外的湖中辟出一方水域，在水域的四周用网拦成三层：第一层是"寿"字形竹架所在地；第二层养一部分鲤鱼；第三层也养一部分鲤鱼。小太监对水域中的鱼每天分早、中、晚三次人工喂养，喂的食物都是从颐和园外的河沟里、水塘中捞出来的鱼虫。时间一长，在网中喂养的这批鱼，渐渐地丧失了自己生存觅食的本领，养成了靠人工喂养的习惯。

▲ 鲤鱼

李莲英还让木匠、竹匠们用青竹绑成一个"寿"字形的竹架，在太后生日前几天放入水中，青竹与碧绿的湖水颜色近似，距离岸边又远，谁也看不出破绽。在竹架上等距离地钉上小钩，用以挂盛鱼虫的布袋。水域内网养的鱼，在太后生日的前一天就停止喂食。

生日那天早晨，李莲英派人在"寿"字架钩上挂满了装好鱼虫的布袋。祝寿活动开始以后，李莲英见太后兴致极好，马上按计划做了一个手势。那些在水里，口中衔着莲叶秆呼吸的小太监们先拉倒第一层网。那些鱼在第二层网内早已嗅到了挂在第一层网内"寿"字形竹架上的珍馐佳肴——鱼虫的味道，只因一张网拦住去路，无法游过去，再加上几天未曾喂食，因此网一拉倒，这些饥饿的鱼群就心急火燎地直冲过去，水下的小太监们顺势潜水走了。在饥饿的鱼群冲击下，布袋中的鱼虫也只能一点一点渗出来。这些鱼为了争抢食物变得呼吸急促，为增加吸氧量，有些鱼口向上，鱼头伸出了水面；有些鱼则仍急着争抢从布袋逃出浮在水面的鱼虫，所以，一开始鱼是呈喁喁状，进入"寿"字竹架的鱼，鱼口向上和喁喁状好像鱼儿在向太后祝寿似的。过了一会，另一批潜在水中的小太监们又拉开第二层网，让那些饿"疯"了的鱼急驰过来争食。这样先放出来的鱼未吃饱，后放出来的鱼又争食，双方互不相让，互相争抢鱼虫，于是挤在"寿"字框架内争食的鲤鱼群在水面上看就形成了欢跳"寿"字舞的奇异景观了。

雌雄"性逆转"的黄鳝

黄鳝是热带及暖温带鱼类，适应能力强，在河道、湖泊、沟渠及稻田中都能生存。除西北高原地区外，中国各地区都有它的踪影，特别是珠江流域和长江流域，更是盛产黄鳝。黄鳝在国外主要分布于泰国、印度尼西亚、菲律宾等地，印度、日本、朝鲜也产黄鳝。

黄鳝喜欢在多腐殖质淤泥中钻洞或在堤岸有水的石隙中穴居，白天很少活动，夜间出穴觅食。它的鳃不发达，而是借助口腔及喉腔的内壁表皮作为呼吸的辅助器官，能直接呼吸空气。在水中含氧量十分贫乏时，黄鳝也能生存。一般出水后，只要保持皮肤潮湿，数日内也不会死亡。

黄鳝是以各种小动物为食的杂食性鱼类，夏季摄食量最大，寒冷季节即使长期不食，也不会死亡。

通常，黄鳝的生殖季节在6～8月。在其个体发育中，具有雌性性逆转的特性，即从胚胎期到初次性成熟时都是雌性（即体长在35厘米以下的个体的生殖腺全为卵巢）。

黄鳝产卵在其穴居的洞口附近，产卵前口吐泡沫堆成巢，受精卵在泡沫中借助泡沫的浮力，在水面上发育。黄鳝产卵后卵巢逐渐变为精巢。当其体长为36～48厘米时，部分性逆转，雌雄个体几乎相等；成长到53厘米以上者则多为精巢。一般情况下，第一年的幼鱼只能长到20厘米左右，只有2冬龄的雌鱼才能生长为成熟期，体长至少为34厘米。这一类鱼的最大个体可以达到70厘米，重1500克。

黄鳝的性别常常使人产生疑问，原因是人们在杀黄鳝时，发现小黄鳝体内都是卵子，而大黄鳝体内都是鱼白。有人由此便认为这是雌雄异形，是雄性个体大于雌性的缘故。

其实，这种认识是错误的。在辨别鱼的性别上，黄鳝是一个很特殊的例子，它具有十分特殊的生殖现象。几乎全部黄鳝的性腺，从胚胎期起到成熟时都是卵巢，换句话说，黄鳝小的时候都是雌性的，它们只能产生卵子。产卵以后，卵巢发生改变，慢慢地变成了精巢。这条从前产过卵的黄鳝，从此就只能产生精液了。也就是说，黄鳝由雌性的变成了雄性的，而且至死都为雄性，性别上

鳄鲡

鳄鲡和黄鳝正好相反。在4岁之前，它的精巢逐渐成熟，因而全是雄性。到5岁时，绝大部分的雄鱼转化为雌鱼。到了6岁，则全部是雌鱼了。

不再发生变化。这样，黄鳝在它的一生中经过了雌雄两个阶段，除了当过一次妈妈外，还当过多次的爸爸。可以说，每条黄鳝，既是爸爸，又是妈妈。

生物学上把黄鳝这种"由雌变雄"的特殊生理现象叫做"性逆转"。

黄鳝的性逆转，并不是某一个体发生变异，而是整个种族的发育规律。由卵孵化成的幼鳝，第一年产卵后，到第二年即变成雄鳝，跟下一代的雌鳝交配产

▲ 黄鳝

卵。这样，每年都有一批变性的雄鳝，每年都有一批新成长的雌鳝。所以，黄鳝的婚姻全部为"老夫少妻"。

从鱼鳃的结构和功能来看，鱼儿是离不开水的。水对于鱼，就如空气对人那样重要。

但是，事实也并非完全如此。在长期的进化过程中，有少数"不满"现状者，学会了一套或几套登陆的本领，常常在人们不注意的时候，偷偷地离开水族世界，赴陆地"观光"和"旅游"。有的甚至能入泥潜洞，在无水的环境中待上几个月而安然无恙。

如果你留心的话就会发现，在水产品市场上，卖鱼的人常常把几十条甚至上百条黄鳝堆积在盛有少量水的容器中，即使不换水，也能保证黄鳝长时间不死。在这里，有限的水只是提供一点浮力作用，让黄鳝能把头抬起来，进行换气呼吸。

倘若仔细观察一下黄鳝就会发现，它的鳃已严重退化，左右鳃盖膜在喉下峡部连成一片，左右两个大鳃裂也在腹面合成为一个总鳃孔，因而在鱼类分类上隶属于合鳃科。它的辅助呼吸器官是口腔和咽喉内壁的表皮，在表皮扁平的上皮细胞上面布满了毛细血管。由于鳃已不能独立完成水中的呼吸作用，口喉内壁的表皮实际上已成为它的主要呼吸器官。浅水中的黄鳝，常竖直前半身体将吻部伸出水面吸气，把空气贮存于口腔和咽喉部，因而喉部显得特别膨大。正因为如此，秋后稻田的水放干以后，黄鳝钻在地下的洞穴中能待上好几个月。当身体完全被水淹没时，口喉表皮也兼营水中呼吸作用，因而在水中也不会闷死。

看来，黄鳝的辅助呼吸器官在结构上虽然很简单，但在功能上却超越了任何复杂的辅助呼吸器官。

我国四大海产之一——黄鱼

小黄鱼、大黄鱼、墨鱼和带鱼，是中国闻名于世的四大海产。尤其是小黄鱼和大黄鱼适于各种烹调，其肉味十分鲜美，营养价值又高，含有丰富的蛋白质，历来是人们喜爱的食品。大黄鱼的鱼鳔是名贵的"鱼肚"，是宴席上有名的美味佳肴。

在一般人的眼里，小黄鱼和大黄鱼没什么差别，外形长得很相像，又都有着金黄色的体色，只是小黄鱼的个头比大黄鱼小些。那么，是不是小黄鱼长大了，就成了大黄鱼呢？不是的。实际上小黄鱼和大黄鱼是两个不同的物种，即使把重500克的小黄鱼和重300克的大黄鱼放在一起，鱼类学家也能分辨出来哪条是小黄鱼，哪条是大黄鱼。

小黄鱼和大黄鱼在形态上有着明显的区别：小黄鱼的尾柄长大约是高的2倍，而大黄鱼的约为3倍；小黄鱼的体长是头长的3～3.6倍，头长是眼径的3.6～4.6倍，而大黄鱼的体长是头长的3.6～4倍，头长是眼径的4～4.8倍。这就是说，个体大小一样的两种黄鱼相比较，大黄鱼显得尾柄细些，头小些，眼也小。此外，两种黄鱼在背鳍与侧线之间的鳞片大小和数目也有明显的差别，小黄鱼的鳞大而稀，大黄鱼的鳞小而密。

小黄鱼和大黄鱼虽然长得很像，但它们有着不同的产卵期和产卵场，以及不同的越冬期和越冬场，从来都是互不相混的。小黄鱼分布于辽东湾至台湾海峡之间，大黄鱼分布于黄海的海州湾以南到南海的雷州半岛之间的广阔海域。

小黄鱼是一种温水性浅海鱼类，生活在海水的近底层，只有在产卵时才浮至中层；大黄鱼则是暖水性浅海鱼类，生活在水的中上层，一般栖息在水深60米左右。

> ## 大黄鱼
>
> 大黄鱼，也叫"大黄花"、"大鲜"。体延长，侧扁，长约40～50厘米，金黄色，尾柄细长。平时栖息在较深海区，4～6月向近海洄游产卵，产卵后分散在沿岸索饵，以鱼、虾为食。秋冬季又向深海迁移。

黄鱼生长很迅速。两岁的小黄鱼就可以长到19厘米，与之同龄的大黄鱼可以长到23厘米，达到性成熟，开始繁殖后代。黄鱼的寿命很长，可以活到26岁～30岁。

我国海域气候大多温暖，饵料丰富，适于黄鱼生长繁殖。那些黄鱼索饵和产卵的水域，就是我国传统的黄鱼渔场。

吃黄鱼时，人们都会发现：黄鱼的头里有两块小石头，这是干什么的呢？

原来这是在鱼耳内腔里藏有的一种石灰质的耳石。它的形状和大小在各种鱼中很不一致。在大多数硬骨鱼中，耳石成小块状，而黄鱼的耳石特别大，通常有小指甲那样大小，

▲ 黄鱼

很明显，所以人们又称它为"石首鱼"。

当外界声波传达到鱼体时，内耳中的淋巴就会发生同样的振荡，这种振荡能刺激耳石和感觉细胞，再由耳石经过神经传达到大脑中去，从而产生听觉。耳石除了管听觉以外，还有维持鱼体平衡的作用。在内耳有高度感觉细胞，其中含有淋巴液。当身体不平衡时，淋巴液和耳石立即压迫感觉细胞，然后立即报告到大脑，采取平衡措施。

此外，我们还可以用耳石来推算鱼类的年龄。耳石体积随年龄增长而加大，夏季长得快，冬季长得慢，冬季和夏季的生长环可以明显地区分出来，它的形式和鳞片的年轮非常近似。

味道鲜美的黄鱼，大家都尝过。但大家吃到的都是冰鲜鱼，没有活鱼，这是什么原因呢？

鱼在水中生活，离开了水，当然就难以生存了。尤其是在海水里生活的黄鱼，对于水分的要求很苛刻，还需要有一定浓度的盐分。不过，这还不是唯一的原因。

实际上，黄鱼从海里刚一捕捞到船上以后，差不多就死亡了。因为这种鱼平时生活在比较深的海水里，经常要耐受比我们在空气中生活要大得多的压力。当它们被捕出水面以后，由于外界压力突然降低，因此在鱼体内部就发生了一些致命的变化。例如鱼鳔中的空气会因外界压力突然减少而膨胀起来，甚至超过它所能容纳的体积，从而导致爆裂。此外，在黄鱼的血液中，血球原先摄取的氧气也因外界压力减小而呈现出特殊的"沸腾"状态。这些都对黄鱼的身体产生了极为不利的影响，促使它被打捞上来之后迅速死亡。

水族中的奇味——河豚

"竹外桃花三两枝，春江水暖鸭先知。蒌蒿满地芦芽短，正是河豚欲上时。"

这是宋代著名的文学家和诗人苏东坡所写的《惠崇春江晚景》。可见在900多年前，河豚就已经是人们所喜爱的珍馐美味了。河豚是春季溯河产卵的鱼类，所以我国沿海及长江下游的人们对这种鱼最为熟悉。据《石林诗话》载："浙人食河豚于上元前，常州、江阴最先得。"陈子象著的《庚溪诗话》记载："余尝寓居江阴及豚陵，见江阴每腊尽春初已食之，豚陵则二月初方食。其后官于秣陵，则三月间方食之，鱼至左江，则春已暮矣。"可见当时对河豚的洄游规律也有了比较详细的了解。

然而，河豚的"名声"并不太好。一方面是因为不止一次地发生过人们因食河豚而丧命的悲剧；另一方面，我们多年来对"河豚有毒"的宣传几乎是家喻户晓。在副食品商店里经常能看到一些非常醒目的宣传画，其上画着河豚的图像，还在鱼身上打上一个大红"X"表示剧毒危险，使人触目惊心，望而生畏。这种宣传对保证人们不误食毒鱼起到了很好的作用。但因宣传内容过于简单，所以也存在着消极的因素。其实，不同种类的河豚，它的不同部位以及它在不同季节的毒性是大不相同的。

河豚的毒素主要存在于卵巢和肝脏，其次为肾脏、血液、眼睛、鱼鳃和鱼皮。冬季和春季期间，卵巢毒素的毒性又最强，假如吃了指头般大小的一块鱼卵就会严重中毒。河豚的肉一般是很少含有毒素的，但鱼死后较久或变质的，内脏毒素会逐渐渗入肌肉里，吃了也难免中毒。

如果加工处理不当，没有排除毒素的河豚被人吃了，其毒素刺激人的胃肠，会引起腹痛、恶心、呕吐等症状，还能麻痹末梢神经和中枢神经。轻度中毒表现为头晕、麻木；严重的四肢肌肉麻痹，甚至全身瘫痪，血压和体温下降，声音嘶哑，言语不清，呼吸困难，全身皮肤青紫。这些严重的中毒者如不及时抢救，就会死亡。

河豚有毒吃不得吗？当然不是。宋代的《明道杂志》曾极力称颂："河豚鱼，水族中之奇味

《 河 豚 》

河豚，古称"鱼规"、"鯸鲐"。体形呈圆筒形，牙愈合成牙板。背鳍一个，无腹鳍。无鳞或有刺鳞。有气囊，能吸气膨胀。其种类繁多，生活于海中，有些也进入淡水。中国沿海均产，常见的有红鳍东方鲀、紫色东方鲀、弓斑东方鲀和暗色东方鲀等。河豚肉味鲜美，唯肝脏、生殖腺及血液含有毒素，经处理后，方可食用。腌制后俗称"乌狼鲞"。其卵巢可提制河豚毒素结晶，供医药用；皮可制鱼皮胶。

▲ 河豚

也。"《苏州府志》也说："河豚鱼，春初从海上来，吴人甚珍之。"可见，它是古来就被人食用的。否则"水中奇味"、"吴人珍之"云云又从何而来？既然如此，因何今日就吃不得？在日本，河豚备受欢迎。据说"河豚酒宴"在日本就非常盛行，日本前首相田中簐因爱吃河豚而被人叫做"河豚迷"。河豚在国外能被人食用，为什么在我国就"吃不得"呢？事实上，江浙、两广等地的人们至今仍有吃河豚的习惯。

鲜河豚的一般食用方法是沿着脊骨剖开鱼体，至头部剖开头骨，然后剥尽外皮，去除所有内脏，去掉脊骨两边血块（肾脏）和血筋，挖去眼睛，切去头和腮，再将鱼肉放在清水里反复漂洗，将血污去尽。烹煮的时间更要长，一般需要两个小时以上，目的是破坏可能残存在鱼肉里的毒素。所以说，要想吃河豚，就不要怕麻烦。

在国际市场上，河豚鱼是畅销的水产品，尤其在日本被奉为名贵佳肴。我国出口的多是冷冻河豚（去头、皮、内脏），其创汇可观。

河豚之利，不仅表现在它的食用和出口价值上，其毒素，包括有河豚素、河豚酸、河豚卵巢毒素和河豚肝脏毒素，都是珍贵的药材，有很好的镇痛镇静效果，可代替吗啡、阿托品、南美箭毒碱等。近年来，有些制药企业还从河豚肝脏中提取出了一些制剂，对某些癌症也有一定的疗效。

因此，我们应当很好地调查河豚的资源情况，提高捕捞技术和加工水平，实行有计划有组织的科学生产。

桃花流水鳜鱼肥

李时珍《本草纲目》记载："鳜生江湖中。扁形阔腹，大口细鳞。有黑斑，其斑文尤鲜明者为雄，稍晦者为雌，皆有鬐鬣刺人。厚皮紧肉，肉中无细刺。有肚能嚼，亦啖小鱼。夏月居石穴，冬月偎泥桿，鱼之沉下者也。"文虽简短，但对鳜鱼的形态特征、栖息水层、生活习性、食性、雌雄副性征等，都作了比较准确的描述。

鳜鱼，四川俗称刺婆、母猪壳或季花鱼；吉林称鳂花鱼。因其名列松花江流域鱼类之首，独占鳌头，且体具花纹，所以又叫鳌花鱼。

鳜鱼体侧扁，较高。口大，略倾斜，口内有尖锐的犬齿和大小不等的细齿。前鳃盖骨后缘成锯齿状，有 4～5 个大棘，主鳃盖骨后部也有 1～2 个大棘，另外，背鳍前部和臀鳍前部各有 12 根和 3 根硬棘。其鳞片非常细小，侧线鳞多达 120 枚以上。体色为灰黄色，自吻端穿过眼部至背鳍前部有一黑色条纹，体侧还具有许多不规则的黑色斑块和斑点。

鳜鱼是典型的肉食性鱼类，性极贪食，鱼苗期间即以其他上层鱼类的幼鱼为食。成鱼转营底栖生活，由于游泳速度较慢，捕食时总是采取先偷偷逼近然后短距离猛扑的办法，捕食对象主要是鲫鱼、鳊鲅鱼、鮈鱼等小型底栖鱼类和虾类。

鳜鱼通常三龄成熟，雌、雄鱼无明显的外形差别，但性成熟的雄鱼具有"婚装"，体侧黑色斑纹远较雌鱼鲜明。生殖季节为 5～7 月。产卵场底为沙质、水流平缓、无旋涡的浅滩。一般怀卵量约 10 万粒左右，卵分三批产出，卵膜虽厚，但卵内有细小的脂肪滴，使卵的比重减轻，借此随水漂流发育。鳜鱼发育的早期阶段，其鳃盖上的大刺起主要防御作用，以后随着背鳍、臀鳍硬棘的长大，鳃盖刺相对缩小，鳍棘就取而代之，成了主要的御敌工具了。鳜鱼鳍棘外面有皮膜，内具侧沟和前侧沟，沟内有毒腺组织，是攻击对手的利器，人被它刺后会肿痛。

鳜鱼系底层鱼类，根据它们独特的喜欢侧卧水底凹陷处的习性，渔民常用"鳜鱼夹"或"踩鳜鱼"的方法加以捕捉。也有的地方利用鳜鱼喜穴居的特点，设置竹制的"鳜鱼筒"，诱其入内而进行捕捉。

《《 鳜 鱼 》》

鳜，也叫"鳂花鱼"。体侧扁，背部隆起，长达 60 厘米。青黄色，具黑色斑纹。口大，下颌突出。背鳍一个，硬棘发达。鳞细小，圆形。性凶猛，喜食鱼虾。肉质鲜嫩，是名贵淡水食用鱼。中国各大河流、湖泊均产。

▲ 鳜鱼

鳜鱼春季多在沿岸，栖息于水底层，在水草丛生的浅水缓流区觅食。冬季洄游至深水处，多潜伏于泥穴或芦苇丛中越冬，极少活动。

吉林省大安境内的洮儿河末端泄水口，是闻名全国的大安月亮泡，四周沼泽多，又为嫩江水域汇流处，水草异常丰富。鳜鱼在这里繁育，以其他鱼、虾为食，尤在春夏季节，食量大增。其肉质细嫩、味道鲜美、营养丰富，可制成多种名贵菜肴，如清蒸鳌花、红焖鳌花、芙蓉鳌花片、人参鳜鱼、麒麟鳜鱼、浇汁瓦块鳌花等。清初皇室规定不准民间捕食鳜鱼，仅供宫廷及王公府第享用，清亡始废禁令。新中国成立后，不仅鳜鱼生长的天然资源得以保护，还利用渔场、水库进行人工繁殖，使其产量大为提高。

鳜鱼虽属凶猛鱼类，但体高尾小、游速不快，只能捕食一些底栖性的不太活泼的小型鱼类。所以在水库、湖泊和溪河养鱼中，可以适量投放鳜鱼，用以清除水底无经济价值的野杂鱼。这样，既发展了鳜鱼，又可保证其他经济鱼类的摄食和生长。

鱼儿全身都是宝

　　鱼是副食品之一，味道鲜美，营养丰富。在一般情况下，一条鱼的食用部分占其身体的90%左右，其余的如鱼鳞、鳃、骨、鳍、鱼内脏、鳔等，大都被人们当做废弃物丢掉，很可惜！实际上这些东西经过加工，可以制成宝贵的工业、医药原料和牲畜饲料。

　　在鱼的蛋白中含有一种鱼精蛋白，通常用来制成鱼精蛋白硫酸盐，它在体内能与肝素结合，使其失去抗血凝能力，临床用于因治疗肝素过量而引起的出血、自发性出血、咯血等的止血。鱼精蛋白还可制成供糖尿病患者使用的鱼精蛋白锌胰岛素，这是一种长效胰岛素。鱼精蛋白与毒性很强的抗癌药，如氮芥类药物、环磷酰胺等结合，就能使这些抗癌药的毒性显著降低。鱼白中还含有一种脱氧核糖核酸，这是储藏、复制和传递遗传信息的主要物质基础。脱氧核糖核酸经酶降解后，可制得一种单核苷酸钠混合针剂，具有增强机体代谢、促进造血功能等作用，用于治疗因肿瘤放射疗法、

▲ 海鳗

化学疗法引起的急性白细胞减少症。也可分离得到一种胞嘧啶脱氧核苷酸，经脱氨基脱磷酸基再氧化后，可制得一种新药，能抑制肿瘤生长，用于治疗进行手术困难的肿瘤，如直肠癌、结肠癌、胃癌、肝癌等。河豚的卵巢中含有一种极毒的物质，名叫河豚毒，是风湿痛、神经痛的镇痛药。某些癌症病人疼痛剧烈，当注射吗啡无效时，注射河豚毒素却能有效地镇痛。在医药研究中，它还作为研究神经兴奋机制药理学的工具药。

人们所熟知的鱼肝油，就是从鱼的肝脏中提取的。鱼肝油中含有丰富的维生素 A 和维生素 D，可作多种药用。缺乏维生素 A，会使人体停止生长，皮肤粗糙、干燥，角质软化，发生干燥性眼炎及夜盲症。维生素 D 能促进钙的沉着并抑制其排泄，常用于预防和治疗佝偻病。其实，鱼肝油有更多的用处。鱼肝油经水解后，可制得鱼肝油酸（鱼脂酸），这是一种不饱和酸，它能降低血浆中的血脂（胆固醇和甘油三酯）含量，维持血脂代谢的平衡，防止胆固醇在血管中沉积，防治动脉粥样硬化症。鱼肝油和氢氧化钠作用，可制成一种鱼肝油酸钠，它是一种血管硬化药。注射这种药后，能刺激血管内膜，促使其增生，逐渐闭塞血管使其硬化，可用于治疗静脉曲张及内痔。深海的鲨鱼肝中，含有特殊的活性物质，其鱼肝油治疗肺结核、脑膜结核、淋巴结核、骨结核、高血压、心脏病等疗效显著。

鱼鳞做成的鱼鳞胶是高级的工业用胶，可制照相胶片、电影胶片，配制照相纸上的感光涂料。鱼鳞胶也是印刷滚动、火柴、木材加工和人造皮革等不可缺少的工业原料。在医药工业上，鱼鳞胶可以制胶丸、软膏、止血药和血浆代用品。在鱼鳞的表面，有一层银灰色的、闪闪发光的结晶，这叫做光鳞。带鱼所含的光鳞特别多，占体重的 2%～2.5%。它是一种鸟嘌呤，毒性很弱，治疗甲状腺亢进有奇效。

鱼胆味道很苦，但从这些苦胆中可以提取胆色素钙盐和胆酸盐。前者是人类牛黄的原料，后者是治疗慢性便秘、胆汁缺乏及下痢等病的药物。鲨鱼、海鳗喜欢吞食大量小鱼、小虾，消化得很快，经研究，这主要是靠它胃黏膜中分泌出来的一种胃蛋白酶。这种酶现在已能成功地加以分离和提取，利用它可以制成帮助消化用的药物。

鱼肚既是很好的补品，也有广泛的工业用途，利用它制成的长胶是纺织工业和乐器上不可缺少的原料。

鱼卵的营养价值也很高，它可以提取治疗婴儿湿症的药物和贵重的化学试剂。

鱼的头、骨、尾也有很高的价值，经过加工可以制成美味可口的鱼酥。鲨鱼的鳍及软骨能制名贵的海味——鱼翅和明骨。此外，鱼头、鱼尾、鱼肠、鱼杂等，还可以制成鱼粉。鱼粉的蛋白质含量高达 90%，是一种优良的饲料，含有丰富的动物性蛋白质、钙、磷、矿物质及维生素等。用它喂养鸡、鸭等能提高产蛋率，喂养牛、猪则能提高出栏率。在加工鱼粉的过程中，还可以提取鱼油，制造杀虫剂、合成树脂、涂料、皮革鞣制剂、矿石选矿剂和金属切削的冷却剂等。

鱼皮能制成鱼胶和各种鱼革，代替牛皮制造各种皮箱、皮包等日用品。

鱼的眼睛，经过加工可做装饰品。

此外，药用鱼粉经蛋白酶水解后，可制成水解蛋白注射液，是一种含 5% 葡萄糖和 5% 水解蛋白的灭菌溶液。当人体蛋白质已不能为肠胃消化和吸收时，就必须注射水解蛋白液。

总之，开发江河湖海的鱼类资源，将为研制新药提供更为广阔的途径。

鱼类变性之谜

位于亚洲阿拉伯半岛和非洲东北部之间的红海，美丽动人，特别是日出和日落的时刻，格外壮美。海里红色的海草和无数红色的小动物，把海水也染成了红色。也许就是这个原因，古时候经过这里的水手把它称为"红海"。然而，比红海更吸引人的是这里的红鲷鱼，它有一种神奇的本领，能出人意料地由雌性变为雄性。

红鲷鱼一般都由十几条、几十条组成一个大家庭。在这个家庭里，只有一条雄鱼，它就是"家长"。平时，总是由它在前边开路，保护着跟随在后边的雌鱼。就这样，这个家庭里唯一的"男人"，领着它全部的"妻子"在大海中游来游去，寻食嬉戏。可称为"一夫多妻"吧。

生物和人一样，天灾病祸总是难免的。倘若这一"家"里的"男人"偶患"风寒"或遭敌害而死去，它那些忠贞的"妻子"绝不会变心"另嫁"，也不会就此散伙，它们会仍然维护着这个"家庭"的延续。难道它们就此"寡居"一生吗？不，当然不会。于是让人费解的事情发生了：在这些忠贞的"妻子"中，身体最强健的一个体态发生了变化。它的鳍逐渐变大，体色变艳，卵巢缩小，精囊发达起来，竟然变得和它死去的"丈夫"一模一样。这样，它就接续了"丈夫"的职责，成了这一"家"中唯一的"男人"，那些雌鱼又全部成了它的"妻子"。

如果这个接班的"男人"又遭到了不幸，在它全部的"妻子"中，另一个身体最强壮的又变成了"雄性"。

有人做过一个试验：把红鲷鱼一"家"全部放入一个鱼缸中，然后把它们的一家之主——雄鱼取出。两周后，便有一条雌鱼变成了雄鱼。此后，再将雌鱼变成的雄鱼取出，又有一条雌鱼变成了雄鱼。把变化的雄鱼一条一条取出，最后一条雌鱼也变成了雄鱼。结果等于这一"家"中所有的"女人"都变成了"男人"。

雌鲷的变性过程是：当雌鲷得知自己的"丈夫"不在时，它的神经系统首先出现变化，其他特性也随之发生变化，如雌鲷的鳍迅速变大，卵巢消失，最后精巢长成。这样，一条硕大、雄健的雄鲷便"诞生"了。

不过，红鲷鱼由雌变雄也是有条件的。请看一个试验：用两个透明的玻璃鱼缸，一个装雄鱼，另一个装雌鱼，将这两个鱼缸靠在一起，使两个鱼缸中的鱼能互相看见，这样雌鱼群中就不会有鱼变成雄鱼。如果在两个鱼缸中间放上一个不透明的物体，使两个鱼缸中的鱼不能互相看见，这样雌鱼鱼缸中便会有一条鱼变成雄鱼。看来,识别雄鱼的"视觉"起很重要的作用呢!

那么,红鲷鱼又是怎样通过视觉引起性的变化的呢?这个问题迄今没有明确的定论。有人认为,在雌性红鲷鱼体内也存在着雄性基因。平时,这些雄性基因总是关闭着的,所以,雌鱼就不会变成雄鱼。可是,如果在较长的一段时间里,雌鱼看不到雄鱼,那么,雌鱼的视觉就会发出信息,使得原来关闭着的雄性基因活跃起来,并分泌出一系列的雄性激素,从而使雌鱼变成雄鱼。由于体格健壮的雌鱼具有优越的转化条件,所以它便抢先一步变成了雄鱼。而当它变成雄鱼以后,别的雌鱼看到又有了雄鱼,也就用不着再变了。

> ### 《 蓝头隆头鱼 》
>
> 蓝头隆头鱼生下时是雌性,体色如雏鸡的蛋黄色,以后转变成雄鱼,体色也变为深蓝并具有斑马条纹的花斑。可是,在性别转变的过程中,蓝头隆头鱼的体色会出现一种既不像雄又不像雌,处于两者之间的有线条的黄色的鱼。这是它性变过程中的过渡类型。

不久前,美国和日本的科学家发现了一种根据环境需要可以随意变性的鱼类。

同变色龙改变身体颜色一样,这种鱼能够根据环境需要改变其生殖器官和求偶行为。这种命名为冲绳 TKIMMA 的热带鱼,能在 4 天内改变生殖器官并使其脑部功能与变性定位相协调。这种热带小鱼每群中仅有一条为雄性,其余均为雌性。产卵时,雄鱼给所有雌鱼产下的卵受精。

如果另一条体型更大的雄鱼闯入其中,那么原先的那条雄鱼便主动变成雌性,其睾丸萎缩变为卵巢并开始产卵。而当新的雄鱼消失后,原先的鱼群之首又可"重振雄风",变成雄性。

▲ 蓝头隆头鱼

鱼类的性别转变有两种形式:一种是从雌鱼变为雄鱼,动物学上叫做"雌性早熟"。这种形式较为普遍,除了上面介绍过的,在珊瑚礁上常见的种类有大鳍、红鳍、隆头鱼、鹦嘴鱼等。不久前,生物学家又发现刺蝶鱼、雀鲷和虾虎鱼也能以此方式性变。另一种是从雄鱼变为雌鱼,动物学上叫做"雄性早熟"。这种形式并不常见,鲷科、裸颊鲷科鱼类以及细鳍鱼、海葵鱼、海鳝等会出现这种现象。

海洋鱼类趣事多

进入 200 米深的水层，碧绿和深绿色的海水就渐渐变成蔚蓝色，以后又成了暗蓝色；到了 1000 米深的水层，海水已是一片灰蓝色，光线显得十分微弱。这水下 200 米到 1000 米深的水层，叫做海洋中层。

为了尽可能地利用微弱的光线，生活在这一水层的鱼，眼睛都长得特别大，而且视网膜上的杆状细胞发达。因为在弱光下，视觉主要是靠这种细胞起作用的。有趣的是，有些鱼的眼睛在外形上也变了，向外突起，就像望远镜那样。有些鱼两眼不再位于头的两侧，而是一起朝前或靠上，比如比目鱼。其实，比目鱼刚从卵中孵化出来时，它和别的鱼没有什么两样，两只眼睛端端正正地长在头部两侧。这时它们非常活跃，时不时地浮到水面上来玩耍。然而当它们生活了 20 天左右，身体长到 1 厘长时，由于各部分发育不平衡的缘故，再也无法继续正常游泳，于是便侧卧到海底上去了。它的眼睛就在这时开始移动：两边脑骨生长不平衡，尤其是前额骨和额骨显得更为突出；身体一面那只眼睛，则因眼下那条软带不断增长的缘故而向上移动，经过背脊而到达上面，和上面原来的那只眼睛并列在一起。这样在观察同一物体时，就形成了立体视觉，有利于判断与猎获物之间的距离。

> ### 《 鱼类发光的秘密 》
>
> 鱼类发光是一种特殊酶的催化作用引起的生化反应。发光的荧光素受到荧光酶的催化作用，荧光素吸收能量，变成氧化荧光素，释放出光子而发出光来。

另有一些鱼类则自备了"照明灯"——发光器，以便在茫茫大海中发

▲ 隐灯鱼

现同伴、捕捉食物、寻觅配偶。发光器多排列在鱼体的两侧，它们闪烁着绿幽幽的光。隐灯鱼可以算是一种典型的发光鱼类，它的眼睛下方有一对可以随意开关的发

光器，发出的光芒能在水中射到 15 米远。

据调查，生活在海洋中层的鱼类数量虽不及海洋上层，但也有 850 种之多。如比目鱼、灯笼鱼、鲨鱼、星光鱼和银鳕等。

乌贼和形态同它较为相似的章鱼，也经常在海洋中层活动。乌贼通称"墨鱼"，其眼大如斗。据记载，最大的乌贼的眼睛，直径可达 38 厘米，而最大的鲸的眼睛，直径也不过 12 厘米。大的乌贼约有 18 米长，3 万千克重，不仅能把大鲸打败，小船遇上了它，也有危险。乌贼行动神速，一种大乌贼每小时能游 36 千米，其游泳速度远远超过了一般鱼类。乌贼不仅游速快，有的还能跃出水面几米高，滑翔几十米远，被称为海上的"活火箭"。据记载，有一群"飞乌贼"从水中一跃飞起，恰好遇上了一艘船，飞乌贼一只只落在船的甲板上，竟把船压沉了。

章鱼和乌贼一样，都属于头足纲，通称"八带鱼"。体短，卵圆形，无鳍。头上生八腕，腕间有膜相连，腕上吸盘无柄。多栖息于浅海沙砾或软泥底以及岩礁处，食双壳类和甲壳类。渔民利用它在螺壳中产卵的习性，以绳穿红螺壳沉入海底诱捕。

章鱼有钻入各种容器和海洋动物空壳里居住的习惯。比方说，小章鱼常常钻入牡蛎里，首先吃掉原来的主人——牡蛎肉，然后吸附在两扇贝壳上，把身体密闭在牡蛎壳内。美国动物学家沃思在佛罗里达的沙滩上曾拾到 20 个装满章鱼卵的牡蛎，其中 15 个壳里还稳居着雌章鱼。

令人费解的是：章鱼是怎样打开坚固而密闭的牡蛎贝壳的呢？在很长的时间里，动物家们以极大的兴趣探讨了这个问题。

200 多年前，罗马的自然科学家普利尼认为，章鱼先以诡计占领隐居有软体动物的巢穴，然后很有耐性地守候在那里，久久注视着密闭的贝壳。在牡蛎开口的那一瞬间，章鱼立即把石块投进牡蛎口中，使两扇贝壳再也闭不上了。这样一来，章鱼就像在一个浅碟子上吃东西那样，轻而易举地把美味可口的牡蛎肉吃掉，并把牡蛎的坚固外壳据为己有。

这个古老的故事至今仍在地中海沿岸的渔民中广为流传。然而科学家们并不盲从，他们对普利尼的话将信将疑，于是便进行了实验。他们在水槽中给饥饿的章鱼放入紧闭双壳的贝类，并投入大小合适的石块，然后在旁边进行观察。结果章鱼并没有采取像普利尼所说的那种行为。但是一些极端热心的人并没有失望。众所周知，大多数动物在人为的环境中与在自然条件下的行动是不同的。法兰克·莱茵写道，有两位研究人员确实看到了章鱼像上述古老传说中那样奇袭牡蛎的举动。另外有两位旅行家在某一群岛遨游海底时，也多次通过潜水镜看到了章鱼把珍珠贝碎片投入牡蛎壳内的有趣场面。

无奇不有的深海鱼类

《 深海鱼类 》

　　一般所说的深海鱼类是指生活在海洋透光带以下的鱼类。深海鱼分属十几个科，主要特征是口大、眼大，身体某一或某几部分有发光器。其发光器既用于诱捕猎物，也用于引诱配偶。

　　在 2000 米以下的深水处，除了有些生物发出闪闪的粼光以外，因终年见不到阳光，深水动物就生活在黑暗里。在这样的深水环境中，一切生活条件都跟浅海不同，所以海洋的深水鱼类跟浅水中的鱼类也是完全不同的。一般所说的深水鱼类，是指海洋深处的鱼类而言。

　　海水愈深，压力愈大。按照海洋每深 10 米增加一个大气压的规律来计算，在 5000 米的深处，压力应达 500 多个气压。因此，生活在深海中的鱼类，它们的骨骼和肌肉都不发达，组织多孔，具有渗透性，使体内的压力相当于体外环境的压力。

　　因为深海在 2000 米以下便无光线，所以深海鱼类的视觉器官也发生了变异。生活在更深水底的鱼类，它们的眼睛很小，多半退化失明，但触须及由鳍条变成的触须则特别发达，它们依靠这种触须在黑暗中探寻食物。这些触须不单是长在嘴边，也长在身上。例如有一种扁鲛鱼，身长约 165 厘米，头部有一个带钩的触须。它常常把自己埋藏在泥中，触须伸出来摇动，别的鱼见了，以为是可以食的东西，就游来捉它，结果反而中了它的诡计，陷进它的大嘴里去了。与上层的深水鱼类比较，它们的眼睛则特别发达，眼睛具有长柄，而且眼球伸长变成了圆柱的形状，向前或向上突出，样子很像望远镜。

　　海洋超过一定深度，就没有植物生长，因此也限定了深海鱼类必然为肉食性的。它们依靠吞食其他动物为生，大多数嘴都很大，牙齿锐利，身体两侧的肌肉松弛不发达，腹部皮膜质如蜡纸，有耐性和弹性，可以吞食比自己大两倍的动物而不致撑破肚皮。因为深海缺少石灰质，所以它们的骨骼都很软弱，有些鱼类背鳍退化，加上肌肉的不发达，所以游行迟缓，也因此形成了它们多半都吞食由上层沉下的动物尸体的习性。而它们自己死后又被下层的鱼类所吞食。

　　目前，在世界海洋中已发现 100 多个科的深海鱼类，分布最广、最有开发前途的是鳕鱼类，如无须鳕、长尾鳕等，广泛分布在深达 1000 米的水下。

　　深海鱼的身体大多为黑色，也有的呈红色、白色和半透明色。奇特的是，在鱼体上大多具备不同的发光器。它的形状、位置、发光的色调随着鱼类的不同或性别的不同而有所不同。特别是红色，在黑暗的深水中不容易被发现，是一种保护色。

深海鱼的形状同样是无奇不有。诸如驼峰状的驼鱼；全身覆盖硬鳞的鳕鱼；手榴弹状的榴弹鱼；身体如球的黑球鱼；扁平的鲽鱼；长嘴鱼；长尾鱼……

深海鱼的另一个特点是嘴大、齿尖，腹部能够膨胀得像气球一样，可以吞噬比自己身体还要大的敌人。

许多深水鱼类具有发电的器官，其主要作用是用以捕捉食物和防御侵害。这种发电的器官实际是一种腺体——变态的肌肉，其中和胶质结缔组织层相间的较坚实的组织，起着伏特电池中锌和铜的作用，因而能发出电来。发电器官有神经联系着，

▲ 电鳗

由脊髓神经送来的神经刺激的影响而发生电流。这种发电的器官，位置随鱼的种类而有所不同。如电鳐是在鳃裂附近，电鳗在尾部的腹面，而电鲶的发电器官在全身皮肤下延伸成两条带状。

电鳐的电流是由它体内的两台"发电机"发出的。我们若将它头胸部腹面的皮肤剥开，就会看到每边各有一个蜂窝状的器官，这就是它的"发电机"——发电器。电鳐的发电器最早由科学家李奇于1671年发现，后来他的学生罗伦齐尼在1678年进一步证实了这就是发电器官。

目前已知电鳐的每个发电器大约有1000块电板，这些电板串联成柱状，又按垂直排列组成约2000个圆形电板柱，并联起来后，电板总数可达200万块。难怪能发出高达6千瓦的大功率！每块电板实际上就是一个特化了的肌肉细胞。在这里，肌肉细胞的功能已由收缩变成放电了。为了适应这种功能上的改变，肌细胞由原来的

细长形变成了扁平形状的电板。电板很薄，厚度只有 7～10 微米，但宽度可达 4～10 毫米，长度可达 10～100 毫米。

除了上述能发电的三种鱼以外，还有体形退化、两颚有齿、口很大、腹可容纳大于自己身体的食物的囊咽鱼和具有很大的口腔（口腔大于己体的其他部分）且下颚特大并能自由运动的大咽鱼。这两种鱼都生活在大西洋的海底。

活发电机——电鳐

扇动宽大的胸鳍，摇动长长的尾巴，在海水中轻盈地漂游，这便是让人心驰神往的水中天使——鳐。

鳐，是一群鳃孔腹位的板鳃鱼类的通称。它体平扁，呈圆形、斜方形或菱形。尾延长，或呈鞭状。口腹位，牙铺石状排列。鳃孔五个。背鳍两个、一个或没有；臀鳍消失；尾鳍小或没有尾鳍。它的头部表面眼睛的正后方有两个喷水孔，海水由此进入鳃孔。

鳐一般以小鱼、虾和贝类为食，强壮的肌肉控制它的上下颚，便于抓掠和吃下食物。

鳐的尾鳍进化成一条长长的鞭子似的尾巴，上面长有一个坚硬的带倒钩的刺。这根刺用于杀死猎物和防御敌人。在需要进攻的时候，它们能够灵活迅速地使用这个武器，即使是游在鳐前方的动物也难逃被刺死的劫数。

中国产有80多种鳐。常见的有孔鳐，产于中国北部沿海；何氏鳐，产于中国南部沿海；光棘鳐，产于中国沿海。鳐的肉可供食用，肝可制鱼肝油，皮可制砂皮和皮革。

在我国的南海，有一种奇特的鳐——锯鳐。它的头上长有一块又长又扁、像"锯刀"那样的东西，"锯刀"上的齿足有几厘米长。锯鳐游动起来，像凶神恶煞一般，大小动物一见到它就会躲起来。锯鳐的锯是它捕食的工具，也是对付天敌的武器。它用锯翻掘海底，寻觅小动物充饥。有时候锯鳐也会突然冲入鱼群，用锯左右开弓，把鱼杀伤以后饱食一顿。因此，锯鳐是海洋渔

▲ 鳐鱼

业中的一害。

锯鳐是一种卵胎生动物，一次能生十几条小锯鳐。有趣的是，小锯鳐在母亲身体里很老实，不伤害胎盘。原来它的锯被一层薄膜包裹着，小锯鳐出生以后，薄膜才脱落，它那锋利的锯齿才显露出"庐山真面目"。

锯鳐是一种罕见的海洋鱼类。它的鳍，也称"鱼翅"，是上等的美味佳肴，也是高级营养滋补品，有强肾益肺的功效；它的肝和胆都可以入药，有化淤活筋的作用；它那两米长的利锯，更是无价之宝，一直是古董店和博物馆的收藏对象。

有些种类的鳐，还衍生出了额外的武器——毒液。它可以通过尾刺将毒液注入猎物体内。

还有的鳐，以其能从水中跳向空中的本领而闻名于世。

有些鳐还长有一个发电装置（器官），这些鳐被称做电鳐。

有一年，我国渤海湾的远洋作业船队开到东海渔区赶鱼汛，在排除水下故障时，检修员遇到了一种奇怪的情况：刚刚潜到水下，无意间触碰到了什么东西，突然四肢麻木，浑身战栗。当地渔民告诉他们，这是栖居在海洋底部的一种软骨鱼——电鳐在作怪。

不久，他们用拖网捕到了一条电鳐。它有60多厘米长，身子扁平，头和胸部连在一起，拖着一条棒槌状肉滚滚的尾巴。看上去，很像一柄蒲扇。因为吃过它的亏，工人们眼巴巴地瞅着这个怪物，想不出用什么法子来对付它。随船的当地渔民却毫不在意，伸手把它从网上弄下来，丢到甲板上。原来，由于落网时连续放电，这个"活发电机"已经断电了，它已筋疲力尽。

其实，放电的本能并不是电鳐才有。目前已经发现的能放电的鱼类很多，人们将这些鱼统称"电鱼"。和电鳐齐名的，还有生长在埃及尼罗河和西非洲一些河流中的电鲶和分布于中南美洲一带河流中的电鳗。电鲶的放电电压达300伏左右，而电鳗可达500伏。

电鱼为什么能放电呢？原来，它们身体内部有一种奇特的放电器官，可以在身体外面产生很强的电压。这种器官，有的起源于鳃肌或尾肌，有的起源于眼肌和腺体。各种电鱼放电器官的位置、形状都不一样。电鳗的放电器官分布在尾部脊椎两侧的肌肉中，呈长棱形。电鳐的放电器官则排列在头胸部腹面两侧，样子像两个扁平的肾脏，是由许多蜂窝状的细胞组成的。这些细胞排列成六角柱体，叫做"电板"。

一次放电中，电鳐的电压为60～70伏，而首次放电可达100伏，最大的个体放电约在200伏左右，功率达3000瓦，能够击毙水中的游鱼和虾类，作为自己的食物。

同时，放电也是电鱼逃避敌害、保存自己的一种方式。

放电量最大的鱼类——电鳗

我们日常生活中所用的电，是通过水力、火力、风力、原子能等带动发电机发出来的，电压为220伏特。然而，有些鱼类本身就能发电，它们放电的电压竟比我们生活用电的电压大几倍！具有发电能力的鱼，已

▲ 电鳗

知的有电鳐、电鲇、电鳗、瞻星鱼、长吻鱼、裸臀鱼等，大约500种左右。

各种发电鱼所发出电流的强弱和电压的高低各不相同。栖息于南美亚马孙河的电鳗，体形就像一条蛇，身长2米左右，体重20多千克。它在袭击猎物时，放电的电压约为300伏。若长久没有放电，放电时的电压可以达到650～860伏，最高者可达886伏。即使体长不过30厘米的小电鳗，也能放出超过200伏的电压。

电鱼为什么能放电呢？原来，在它们身上都有特殊的发电器。有的是由肌肉演变而成的，有的是由皮肤腺演变而成的。那么，电鳗为什么能放出高压电呢？这大概与它的发电装置有很大的关系。原来，电鳗的发电器官特别长大，位于脊柱两侧并延伸至几乎整个身体，总重量竟占鱼体体重的40%。它身体的全部要害器官，都挤在头部一端，只占整个身躯的1/5，其余4/5是尾部。

电鳗尾部有三个发电器官。这些发电器官多是由肌肉演变而来的。能产生高压电的一个大器官——一对主电池，从尾部开始的地方延伸到尾巴的2/3处，然后逐渐变细，延伸到尾巴的后部。这对主电池中有无数的电板，与头尾轴平行排列，即前后纵向，叠成一叠钱币样的柱，宛如老式电动潜水艇中的蓄电池，是一串一串地排列着的。一条电鳗的身体两侧各有60条柱，每条柱有6000～10000个电板。虽然每个电板所产生的电压并不大，仅有150毫伏，但由于电板的数量多，彼此串联就可以产生很高的电压。电柱又互相并联，因此就产生了很强的电流。在尾巴后部变

细的地方，还有一对较小的发电器官，电波频率为 20～30 赫。它似乎是起着某种探测器的作用。在臀鳍的底部还有一个与鱼尾同样长的小发电器，发出的电波很微弱，其作用至今人们还没弄清楚。

电鳗的全部电板中具有神经的一面都朝向鱼的尾端，当需要发电时，由大脑的一个特殊神经中枢发出冲动传递到发电器，整齐排列在一起的千万个电板同时发出电波。发电时所产生的高压电流从电鳗的尾部流向头部，并在周围水中形成一个电路。有人曾做过这样的实验：在一次展览会上，用电鳗所发出的电力，使写有"电鳗"字样的英文灯光标语牌大放异彩。

鱼类的发电器官多是用来自卫和捕食的，也有用以探测导航、求偶的。像电鳐、电鳗、瞻星鱼等都喜欢潜伏在海底的泥沙里，一旦发现猎物，就会放起电来，把猎物一举击毙或击昏。电鳗在向其他鱼类和动物进攻时，无需直接触及这些猎物，因为它放出的电冲击延伸成的电场，能够到达鱼体周围数米处，可将猎物击中。被击昏的鱼，身体变成弓形，失去了活动能力，被电鳗吞而食之。

电鱼虽然都能发出高压的大电流，但电源并不是取之不尽、用之不竭的。特别是电鳗，其发电器是由肌肉演变来的，连续放电后，肌肉纤维就会筋疲力尽，以后便发不出电来了。

有人做过实验：以每秒 5 次的频率，刺激电鳗发电器的神经，其放电电压很快降低，250 秒后降到零。休息 1 分钟后，再以同样的频率刺激，此时电压稍有恢复，但刺激 100 秒后又降为零。之后以同样休息时间和同样频率刺激，放电电压继续下降。从参与放电电板数量看，随着放电时间的延长，发电的电板越来越少。在起初 15～30 分钟内，发电电板数量约为 1000～2000 个，到最后能放电的只剩下了 100～200 个。

电鳗肉味鲜美，营养丰富，是人们极为喜爱的水产品。一些地区的渔民，根据它放电先强后弱的规律，摸索出了一个巧妙的捕获方法：先把一些家畜赶到河里，使电鳗大量放电，等到它体力减弱电量耗尽时，再下渔网或直接用手捉拿。这样不仅安全，而且捕获量也高。

水中的"刺玫瑰"——有毒鱼类

　　魟，分为赤魟、燕魟等，而赤魟的俗称为鲕鱼。它们大部分生活在汪海，常常把身体埋在沙子里。这类鱼身体扁平，略呈方形或圆形，因此也有人叫它锅盖鱼。魟有一条细长如鞭的尾巴，有些种类尾背上长有一枚粗壮的刺。就是这枚尾刺，人被其蜇后很快会引起红肿疼痛，甚至昏厥。

　　为什么这枚刺不同于其他鱼刺呢？为了弄清真相，有人用各种鱼身体上的刺做了一些简单的试验。如将各种鳍棘蜇入动物体内，再将刺拔掉，只见被蜇的伤口很快愈合起来，动物蹦跳如常。可是，将魟的尾刺蜇入动物体内，隔不多久，动物身体便红肿起来，严重的甚至死亡。后来，有人还将魟的毛刺插入小树根内，令人惊讶的是，树叶竟由绿变黄，慢慢枯萎，终至死亡。

　　为什么这种鱼的刺会使动物中毒、树叶枯萎呢？原来，在这种鱼尾刺的两边基部有许多腺体细胞和黏液细胞组成的毒腺。这种毒腺会分泌白色的毒汁，沿刺两边的沟流到刺的尖端，当刺蜇入其他动物时，毒汁就会使被害者中毒。因此，现在不少渔夫捕获了这种鱼，往往立即把它的尾刺斩去，以免被它蜇伤。

　　在海洋珊瑚礁间生活的一种石鱼，相貌极其丑陋。其身体呈暗褐色或灰黄色，上面布满大大小小的凸块和疙瘩，一对小眼睛长在大脑袋的疣瘤上，背鳍有12根粗大的毒刺。它的名字叫"毒鲉"，是著名的"水下凶手"。

　　毒鲉不爱活动，经常栖息在浅水的礁石之

▲ 魟鱼

间。它们静静地半埋在礁石的缝隙中，看起来很老实。其实不然。当它们遇到危险或发现捕食对象时，会立即张开身上所有的毒刺，刺向对方。这些尖利的刺能够刺穿人的脚跟，受害者很快就会失去知觉，如果大血管被刺穿，2～3小时之内便会死亡。毒鲉分布很广，红海、印度洋沿岸、澳大利亚、印度尼西亚和菲律宾海域，都可见到，我国南海及东海也有分布。

是不是所有的毒鱼都长得很丑陋呢？也不尽然。毒鲉的近亲蓑鲉也是一种毒鱼，但它鲜艳俏丽，体态优雅。当它们游动起来时，摆动着长满美丽条纹的身体，张开色彩斑斓的鳍，简直就像一艘花枝招展、扬帆前进的游艇。这种漂亮的鱼身上长有18根毒刺，随时准备刺伤接近它的敌害。蓑鲉的毒刺很厉害，即使被它轻微地刺一下，也会使人感到剧痛难忍，甚至失去知觉。蓑鲉还有一个特点，它能够连着几天一动不动地潜伏在岩缝或珊瑚礁丛中，长长的鳍伸在外面，像海生植物的嫩叶。这时假如有一条小鱼靠近这"嫩叶"，马上就会遭遇灭顶之灾。

在鱼类的大家庭中，有一些鱼轻易不能碰，因为它们是有毒的。据统计，在自然界中，有毒鱼类至少有1200种，主要有这样几类：鱼体内有能够制造毒液的毒腺，毒腺能把毒液输送到牙齿和棘刺里；在鱼的肉、卵或者内脏中含有毒素；某些鱼类，两类毒素都具有。一般来说，大部分的有毒鱼类都分布在印度洋和太平洋水域，以及非洲东部和南部、澳大利亚、玻利尼西亚、菲律宾、印度尼西亚和日本南部等区域的海岸线附近。

据专家估计，每年大约有5万人会成为这些有毒鱼类的牺牲品，中毒的主要症状包括疼痛、昏迷、灼热感、痉挛和呼吸困难等，严重者还可能丧命。

河豚也属于有毒鱼类，它的内部器官含有一种致命的神经性毒素。有人测定，河豚毒素的毒性相当于剧毒药品氰化钠的1000多倍。因此，即使摄入微量也能致人死亡。事实上，河豚的肌肉中并不含毒素。河豚最毒的部分是卵巢、肝脏，其次是肾脏、血液、眼、鳃和皮。

与蛇毒、蜂毒等其他毒素一样，河豚毒素也有其有益的一面。从河豚肝脏中分离的提取物对多种肿瘤有抑制作用。目前，人们已经将河豚肝脏蒸馏制成河豚酸注射液，以用于癌症临床治疗及外科手术镇痛。

其实，鱼类体内的这些毒素主要是防御的需要，同时还可以起到杀死隐藏在鱼鳞中的细菌的作用。人如果被有毒鱼刺伤时，最佳的处理方式是将被刺部位放入热水中并保持30～40分钟。当然，采取这种方法的目的并非为了清洗掉毒素，而是为了加快它们的分解速度。

《《 河豚的毒性 》》

一般来说，河豚毒性的大小与它的生殖周期有关系。晚春初夏怀卵的河豚毒性最大，它的毒素能使人神经麻痹、呕吐、四肢发冷，进而心跳和呼吸停止。

毒鱼研究新进展

澳大利亚"鳄鱼先生"史蒂夫·欧文曾以徒手捕捉蟒蛇、鳄鱼等惊险表演征服了全球亿万电视观众，但这位电视明星却在 2006 年 9 月 4 日死于一档海洋生物节目的拍摄现场。夺去他性命的是黄貂鱼的尾部毒刺……

专家说，黄貂鱼袭击人的情况并不多见，但这种生物被激怒时却相当危险，甚至可能致命。

新加坡国立大学生物学系海洋生物学实验室教师彼得·托德博士说，在淡水和海水中都有这种生物。

黄貂鱼学名赤魟，属于软骨动物，是其天敌鲨鱼的近亲。在世界各地的热带海

▲ 黄貂鱼

岸以及亚洲、非洲和南北美洲的淡水中都能看到它们的踪迹。

黄貂鱼展开两翼可达 2 米，从口鼻到尾尖可达 4 米左右。它们分为两种：一种生活在海面或河面，一种生活在海底或河底。遇到外来刺激后，黄貂鱼的尾巴会扬起，刺向它所认为的攻击者。

它的尾尖有锋利的倒刺，形似鱼钩。倒刺刺入体内后会注射一种毒液，导致剧痛。这种毒液比不上蛇毒（如眼镜蛇毒），但如果接近心脏却可能致命。

2006 年 8 月 22 日，美国《纽约时报》网站报道，全球带毒鱼类激增至 1000 种。网站还报道了一件事，20 岁的大学生威廉·史密斯刚才还伸手拿电话，接着就晕倒了。醒来的时候，发现自己躺在他上班的宠物店的地板上，看到的是一张张紧张的脸。大家怀疑他是不是被刀刺中了手。

实际上他是被一条毛茸茸的蓑鲉刺了一下——还是一条死鱼。有人把死鱼扔了，但是史密斯在拾起掉在垃圾桶里的电话时并没有注意到。鱼的背部有一排刺，上面全是毒液，这些毒刺刺中了他。

如今，史密斯已经成为自然科学博士，是美国自然历史博物馆的鱼类学家，他

对毒鱼的兴趣一直不减。他认为，人类对这些有毒的鱼类记录不全、误解很深，实际上它们是尚未被开发的资源，因为人类可以从上千种毒液中发现新的药物。人类对许多种毒液并没有进行系统研究，而这些毒液能够影响人类自身，如凝血机制、神经和肌肉的活动、血压和心跳等。

曾有研究人员估计，世界上约有 200 种有毒的鱼，但史密斯博士和博物馆馆长惠勒发表的一篇研究报告指出，世界上至少有 1200 种有毒的鱼。许多鱼的毒液在刺和嘴边的倒钩上，有的在牙齿上。虽然这 1200 种鱼都不是最新发现的，但是人们并不知道它们是有毒的。他说："除了很少的例外，我们过去的想法都是错误的。"

一项研究关于 233 种鱼的 DNA 序列的对比研究成果绘制了一份棘鳍鱼类的新谱系图。这个家族包括了许多种鱼类，如豹蟾鱼、鲉鱼（蓑鲉就是一种鲉鱼）、刺尾鱼、鲭带鱼、狗鱼、瞻生鱼和剑齿鲷鱼。

▲ 蓑鲉

该谱系图显示了各种鱼的家族关系，明晰了哪些鱼从同一个祖先那里进化而来。根据谱系图，研究人员可以预测哪些鱼是有毒的。接着，为了检验预测的准确性，史密斯博士解剖了 102 种鱼的标本，寻找毒液腺体和释放系统如刺、牙或锋利的鳍。

在这 102 种鱼中，过去的研究提出只有 26 种有毒。但新的研究认为，其中 61 种有毒——解剖证实了这一点。

惠勒说："脊椎动物界的毒素需要我们重新加以认识。"

佛罗里达自然史博物馆的鱼类学家安德烈斯·洛佩斯表示，这是近 20 年来首次对有毒鱼类的进化关系所做的研究。他说，新的谱系图可能对希望研究毒液的研究人员有所帮助。

一般情况下，有毒鱼类要么颜色鲜艳，用强烈的颜色警告它们的敌人，要么是"伪装专家"，把自己埋在泥沙里。最危险的毒鱼——石鱼会躲藏起来，其毒液是致命的。它背上的刺"基本上就是皮下注射的针头"。石鱼能够控制是否释放毒液，一般在受惊吓或被挑衅时才会释放。其他鱼类如蓑鲉只有被袭击时它们的刺才会释放毒液。史密斯博士说："如果你踩着它们，你就中招了。"

史密斯表示，除了自卫和狩猎等明显的功能以外，毒液还可以帮助鱼类清除入侵其皮肤的细菌。

鱼类是"水质监测员"和"天气预报员"

　　有些鱼类具有灵敏的听觉，能听到人耳听不到的次声和超声；有的具有灵敏的嗅觉，能感受到多种水中所含有的极低浓度的化学物质；有的具有特殊的电感受器，能觉察到外围电场的微小变化和地磁场的变化；几乎所有的鱼类对天气的变化都能做出相应的行为反应……鱼类凭借这些"特异功能"，逐渐成为人们在科技和日常生活中的得力"助手"，帮助我们做了不少好事。

　　鱼类对水质污染极为敏感，且某些鱼类只能生活在一定污染程度的水中，因此，人们利用鱼充当"水质监测员"。

　　早在600多年前，我国福建省周宁县峸源乡峸源村的村民为了保证吃水安全，在一条穿村而过、供村民食用水的小溪里，放养了数千尾鲤鱼。

　　英国泰晤士河曾是世界闻名的鲑鱼产地，后因河水污染严重，鲑鱼绝迹了。后来，泰晤士河经过十多年的治理，河水清澈，鲑鱼又出现了。鲑鱼能发出微弱的射线，并能在不同污染程度的水中，发出不同频率的射线。科学家据此便可了解饮用水的污染程度。因此，英国科学家选用鲑鱼来担任居民饮用水的"监测员"工作。

　　法国的一些自来水公司也利用鱼类来监测水质。据了解，法国用鳟鱼监测水质的准确性并不亚于超微量化学分析仪。鳟鱼和大多数硬骨鱼类一样，有发达的嗅囊，其内表面的上皮细胞具有嗅觉功能，嗅细胞的神经纤维到达嗅球，与嗅球中的神经细胞的树状突相联系。当嗅觉组织受到某些化学污染物刺激时，嗅球的电子活性就会发生变化，人们根据这种电信号，可直接探测出饮用水中某些化学污染物。也有人利用鱼口一张一闭的肌肉活动所产生的微弱电场，通过高灵敏度的电极与计算机相连接的放大器，根据鱼的呼吸频率，来监测水质的污染情况。

　　德国一位科学家则用鱼尾颤动的次数来测定水质污染程度。因为有一些鱼的尾巴在正常情况下每分钟颤动

▲ 鳇鱼

400～800次，而当水质污染时，可随污染程度的不同，相应地减少颤动次数。

德国还有一位工程师，利用象鼻鱼能在不同污染程度的水中发出不同的电脉冲的特点，来监测水质。

鱼不仅可以做水质监测员，还可以担任气象预报员。

天气的变化，会直接影响动物做出相应的行为反应。因此，人们常利用动物的某些异常行为来判断未来天气的变化。生活在黑龙江流域的嘉鱼，就是出色的"活晴雨表"。据科学家研究，这种鱼在预报天气方面，误差不超过3%。在晴朗的天气，鱼儿会安然自得地在池底下游动；每当刮起小风，薄云变成浓云，特别是暴风雨来临之前，它就会一反常态，上下翻腾，特别活跃。显然这些行为与当时的气压、温度、风等各种因素有关。在下雨之前，氧分压急剧下降，水面上受到的氧分压力减小，水中的含氧量也相应减少，由于水中缺氧，鱼儿就浮到上水层或水面上来呼吸空气。同时，因为空气的气压下降，近地面又有风，使水面温度降低的冷水下沉，而下层的暖水上升，由于上下水的交换，鱼常表现不安。

我国广泛分布的泥鳅，对天气的变化更为敏感。如属于泥鳅科中的北鳅，每当天气变化之前，它总会发出相当大的响声，以示"预报"。

预报天气

生活在地中海沿岸的一种热带鱼，能够预报天气情况。当地居民利用这种可饲养在鱼缸中的鱼来观测天气：鱼若沿缸壁漫游，便是阴天；鱼若浮在水上躁动不安，就肯定要下雨；鱼若静躺缸底不动，那么一定是个大晴天。

我国广大劳动人民在同地震的长期斗争中注意到，在发生地震前，一些动物有异常反应。1917年云南大关地震后，志书上有"地震前一月间，大关河中鱼类均浮水面，失游泳之能力……追距地震前数日，河水大涨，河鱼千万自跃上岸"的记载。

江海湖泊中生活着各种各样的鱼，它们除了为我们监测水质，预报天气、地震和提供可口的食物外，还给了人类许多启示。

人类的祖先为了克服江河湖泊这道天然屏障，看到鱼在水中自由地游来游去，就千方百计地加以模仿。先是依照鱼的体形"刳木为舟"，把独木舟做成鱼的形状，用来跨江越湖。后来，人们又依照鱼的胸鳍和尾鳍，制成了双桨和单橹，从而改进了造船技术。可以说，人类最早获得水上行动的自由，是从模仿鱼类开始的。

鱼鳞是鱼的天然"甲衣"。它作为一层外部骨架，保护着鱼的身体，帮助鱼抵制水中无处不在的微生物，防止细菌的侵入。鱼鳞还有伪装作用，闪闪发光的鳞片可以迷惑敌人。根据鱼鳞的特点，军事学家创造出了一种"鱼鳞阵"。这种战场阵形极像鱼鳞，由弧形堑壕连接，一块接一块，主要用于反坦克，其效果十分明显。

随着生物工程的兴起与发展，人类模仿鱼类造出了一种机器人——"鱼人"。这种"鱼人"像鱼一样有鳃和肺，具有蹼状的脚可以在水下与陆地上行走。用这种"鱼人"可以探测和打捞水下沉船，进行水下作业，是人类的好帮手。

鱼儿离不开水

没有水就没有生命，一切生物都不能缺少水，鱼类当然也不能例外。它们身体内的水分一般可占体重的 70%～80%。鱼体内代谢作用不断地进行，体内水分也要不断地更新，但新的水分从哪里来呢？生活在水中的鱼，又是否需要喝水呢？

在谈这些问题之前，先说一说渗透作用的原理。如果你在两种不同浓度的溶液中间放一张半渗透性的薄膜，那么，浓度较稀的溶液就会透过薄膜，渗透到浓度较高的溶液那一边去。这就是所谓的渗透作用。大家都知道，海水和淡水的浓度有很大的不同，因此，生活在淡水和海洋中的鱼类，身体中水分的补充情况是不同的。淡水鱼血液和体液的浓度高于周围的淡水，水分就从外界经过鱼鳃部半渗透性薄膜的表皮，不断地渗透到鱼体内，因此，淡水鱼类不管体内水分需要与否，水总是不间断地渗透进去。所以，淡水鱼类不仅不需要喝水，而且还要不断地将体内多余的水分排出去，否则鱼体就有被胀裂的危险！

海水的浓度比淡水高得多，那么生活在海洋里的鱼是否需要喝水呢？

海洋里鱼类资源丰富，种类繁多，情况较复杂，不能一概而论。虽然海水浓度较高，但绝大部分软骨鱼的血液里，含有比海水浓度更高的尿素，因此它们和淡水鱼一样，也不需要喝水。而生活在海洋里的硬骨鱼，由于周围海水浓度高于体内的浓度，体内失水情况相当严重，水分的及时补充也就非常迫切，因此在海水中生活的硬骨鱼是需要大口大口地喝水的。但海水中含有盐分，如果鱼不及时将盐分排出去，同样会使自己处于绝境。好在海洋鱼的鳃片中有一种特殊的氯化物细胞，专门用来排除体内的盐分。海水鱼依靠这种特殊的细胞，既可使水分不断地得到补充，又可使体液保持正常的浓度。

也许有人会问，既然海水和淡水的浓度相差很大，海水鱼和淡水鱼又各有适应周围环境条件的构造，那为什么有些鱼（如鳗鲡等）能够从淡水游到海洋且照样自在地生活呢？有人曾做过这样的实验：将生活在淡水中的麦穗鱼、斗鱼等养在鱼缸

海水

一种存在于广阔海洋中的特殊天然水，约占地球总水量的 97.2%。溶解有复杂的化学成分。除氢和氧外，每千克海水中含量在 1 毫克以上的元素有氯、钠、镁、硫、钙、钾、溴、锶、硼、碳、氟等 11 种，称为"海水主要之素"，它们的含量占海水全部元素的 99.8%～99.9%。

里，每隔一定时间便加入少量食盐。缸内水分浓度逐步增高，麦穗鱼因不能适应环境，相继死亡。而斗鱼，一直到缸内水分浓度几乎接近海水时，还能自在地生活。在检查斗鱼身体各部分的构

▲ 鱼在水中游

造时发现，原先没有氯化物细胞的鳃部，此时已和海水鱼一样，出现了这种细胞。由此证明：斗鱼能够在浓度高的水中正常生活，正是靠了这种细胞。

由这个实验所得的证据，再来看看鳗鲡。经研究发现，生活在淡水中的鳗鲡鳃部没有氯化物细胞，而进入海洋后，同样产生了这种特殊细胞，借以排除多余的盐分。难怪在淡水中不喝水的鳗鲡，到海洋后也喝起水来了。一般来说，海鱼是不能在淡水里存活的。因为海鱼居住在含有较高盐分的海水里，它的细胞液自然与海水的盐量大致相等。也就是说，这两者的渗透压大体差不多。但是如果把海鱼放到不含或含有极少盐分的淡水里，那么其细胞液的渗透压就会大大高于外界的淡水，于是两者之间的压力差便会把细胞膜压破，致使其死亡。

然而，一些平时在淡水里生活、成熟后又到大海里产卵的降海鱼类（如鳗鲡），以及在海里生长、以后又到淡水河流里产卵的溯河鱼类（如大马哈鱼等）就不怕水中盐分发生的变化。它们自身都有调节渗透压的能力。每次移居时，只要在河口咸淡水交汇处生活一定时间，进行自我调节，就能很快适应。另外，我国广西的邕江生长着一种赤魟，它原来纯属海鱼，并没有溯河或降海的习性，而现在却已变成淡水河鱼了。原来邕江流经的地区曾经是大海，后来由于地壳发生变动，那里升为陆地，海水也逐步淡化。由于这个过程相当漫长，赤魟便得以逐步调节体内的渗透压，使之与外界水体相等而生存下来。

海鱼经人工驯化后也能改变原有的生活习性。如非洲鲫鱼现在就是淡水池塘的养殖鱼类，而且产量很高。非洲鲫鱼原是海鱼，经过人们的驯化之后，适应了淡水环境。其他一些优质高产的海洋经济鱼类，也正在试养中。

由此可见，海鱼只要有一个逐渐适应的过程，是可以生活在淡水里的。当然，不同的鱼类其适应性相差很大。生活在河口浅海处盐度较低水域的鱼类，就比盐度较高水域的鱼类驯化起来容易得多。

鱼也会"唱歌"

猫会咪咪叫，公鸡会喔喔啼，八哥儿会学人说话，黄莺会唱歌，小蜜蜂飞起来嗡嗡嗡，青蛙叫起来呱呱呱，可你听说过鱼儿会唱歌吗？

科学研究的成果告诉我们，生活在水中的鱼类，有许多是会发声的。小鲇鱼的叫声像蜜蜂飞过，嗡嗡地响；成群的青鱼像小鸟一样，叽叽地叫；黑背鲲的叫声有如风刮树叶，沙沙作响；沙丁鱼的喧哗好像静夜里浪涛拍岸的声音；气球鱼和刺猬鱼能呼噜呼噜地叫，仿佛熟睡的人在打鼾；驼背鳟的叫声是咚咚响，好像击打小鼓；小竹筴鱼发出的声音，很像用手指轻快地刮梳子的声音；海鲫的发声像用钢锉摩擦金属时发出的响声……

不同的鱼会发出各种不同的声音。就是同一种鱼，在生殖、索饵、移动、逃避敌害，或者成群结队，或者单独行动等不同情况下，发出的声音也不相同。每年春季，在我国沿海作产卵洄游的大黄鱼，它们在洄游过程中，开始接近产卵场时，发出"沙沙"或"吱吱"的声响；到达产卵场开始产卵时，会"呜呜"或"哼哼"地叫，像开水发出的声音；在排卵过程中，则发出"咯咯咯"的声响，有如秋夜的青蛙在歌唱。

> **《凭声捕鱼》**
>
> 黄花鱼在海里鸣叫，渔民在 18 米内的海面能听得一清二楚。现在，沿海渔民在捕捞黄花鱼时，仍常用耳朵靠在船板上听鱼的声音，据以判断鱼群的大小、位置和移动方向，从而采取捕捞措施。

此外，如黄姑鱼、鲷鱼、红娘鱼、黄鲫、鳓鱼等，也都是歌唱家。

鱼类究竟为什么要唱歌呢？初步的研究表明，有的鱼发声是为了躲避或恐吓敌害，有的是在生殖期为了招引异性，有的则是由于外界环境的变化不适合它们的生活条件而造成的。

那么，鱼类怎样才能发出声音呢？

原来，大多数能发声的鱼，主要是靠体内的发声器官——鳔。鱼鳔是一个充满气体的膜质囊，它靠一些纤细而延伸着的肌肉与脊椎骨相连。这些延伸着的肌肉，具有与琴弦相似的作用，它的收缩引起鳔壁和鳔内的气体振动，从而发出声音。比如，石首鱼类的鳔背上有一条筋，就跟胡琴上的弦一样。这条弦每秒可以发出 24 次振动，这一来使得鱼鳔跟胡琴的琴筒上蒙着的蛇皮那样，也振动起来，于是便发出了各种不同的叫声。

有些鱼类，如竹筴鱼、翻车鱼是利用喉齿摩擦发声的；鼓鱼、刺尾鱼是利用背鳍、胸鳍或臀鳍的刺振动而发声的；泥鳅因存在于它肠内的空气泡突然从肛门逐出而发出声音；豹鲂鮄鱼则利用舌颌骨来发出声音……这些，在科学上统称为"生理学声音"。此外，许多鱼类结成大群游动时，也会发出声音来，这被称为"动水力学声音"。

　　鱼类不仅能发出声音，而且许多鱼类都能听到和感觉到同类的声音。水是声波的良好导体，如在0℃时，空气中声音的传播速度为每秒332米，而在水里则为每秒1440米。当鱼类发出声音，或风吹水面、石块落水以及其他生物游近鱼体，在海洋里都会产生微弱的声波。这声波扩散出去，能被鱼的听觉器官或感觉器官听到、感觉到，鱼类就依靠对声波的反映来辨别周围的障碍和敌人。虽然目前我们还不能确定是不是所有鱼类发出的声音都有这样的作用，但至少有些鱼的声音是有特殊作用的。如在水面可听到17米深处黄鱼发出咕咕的叫声，它们可能就是利用这种声音来召唤同伴，形成鱼群的。

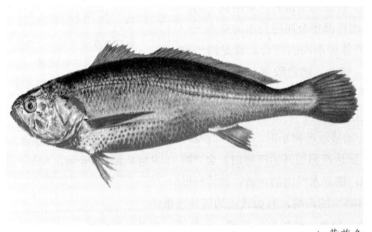

▲ 黄花鱼

　　这么说，鱼类的听觉是很灵敏的，可怎么看不见鱼的耳朵呢？这是因为鱼只有内耳，没有耳壳，而且鱼的耳朵长在头骨当中，所以我们在外表就看不见了。如果我们将其头骨的一侧掀起，就会看到包在头骨中的内耳构造了。鱼的内耳大致可分为上下两部分。上部分有三个相互垂直的管，叫做半规管，和三个管相交部分叫椭圆囊，这一部分主要起平衡作用。管和囊中有淋巴液、小耳石和感觉细胞，并通过感觉细胞传送到神经中枢，使鱼随时保持身体的平衡姿势。内耳的下部分叫球形囊，其中也有淋巴液、耳石和感觉细胞，但这里的耳石是块大耳石。外界的声波传到淋巴液和耳石，刺激了感觉细胞，于是声波就像电话一样传到神经中枢，从而使鱼具有听觉。有些鱼的声波传到鱼鳔，利用共鸣作用把声音放大，再传入内耳，因而这些鱼的听觉就更加灵敏了。

打彩色"灯笼"的深海鱼

海洋深处，是一个奇妙的世界。这里没有一丝阳光，四周的海水比墨水还黑，简直是伸手不见五指。海底的地形十分复杂，它像陆地一样，有辽阔的海底平原，也有高低起伏的海底山脉。更有趣的是，那里还会有火山爆发呢！深海的温度是不变的，终年保持在1℃～2℃。

在黑暗、寒冷和具有巨大压力的海洋深处，还居住着许多体形古怪的深海"居民"——深海鱼类。在10000多米的深海里，人们曾经捕到过一种体形扁平的鱼类和体长30多厘米的红色海虾。

在特殊的海洋环境中，各种深海鱼类为了保护自己和后代，在漫长的进化过程中，不但变得体形奇特，而且色彩也与众不同。它们的皮肤，几乎都是黑色、紫色和深蓝色的，因为这种色彩在黑暗的环境中不容易被敌害发觉，可以更好地保护自己和后代的安全。

深海的环境是特殊的，这里的海水中溶解着大量的碳酸。因此，深海中具有石灰质骨骼的动物极少，甚至有些贝类的壳也变得像皮球一样柔软。各种深海鱼类的体形古怪极了，有的长着很大的嘴巴、锐利的牙齿和能够囤积食物的肚子，能吞进比自身大几倍的鱼；有的在嘴唇底下长着许多长长的触须，乍一看去，仿佛是衔在口中的树枝；也有的头顶上长着一对突出的像望远镜般的大眼睛……原来，深海鱼类就是利用这些奇特的器官来代替眼睛，在黑暗的环境里寻找同样细小的食物的。

在深海里，还有一种使人惊奇的鱼类，叫做囊咽鱼。这位深海"居民"身体两侧的肌肉柔软而富有弹性，要是放开的话，简直像一个大气球。因此，即使比它身体大的鱼，它也能一口吞下，而且不会胀破肚子。

深海是发光鱼类的"故乡"。这里的鱼类不仅形态古怪，而且能发出各种绚丽的光芒——红的、黄的、蓝的和绿的。它们透明的躯体在黑暗中显得晶莹可爱，像X光照相一样，连内脏都显露出来。眼睛里闪烁着微弱的光辉，当它们在海底游动时，就如一盏盏五彩缤纷的"小灯笼"，非常逗人喜爱。

不同的鱼类，发出的亮光信号也不同。可用来在同一鱼类中互相传递信息，为其他鱼类设陷阱，或者用此摆脱捕食者。因此，发光是深海鱼类赖以生存的重要手段之一。

有人发现，在大海的某些深度区，约95%的鱼类都能够随时把光发射出去，有

▲ 鮟鱇

的甚至能够连续发光。在茫茫的海面上，也常常可以看到发光的鱼群及其他海上生物把一片水域照亮。隐灯鱼可以算是一种典型的发光鱼类。它的眼睛下方有一对可以随意开关的发光器，发出的光芒能在水中射出 15 米远。

身子薄如刀刃的斧头鱼，虽然身长不过 5 厘米，但发光器几乎遍布全身。发光的时候，光芒能把整条鱼的轮廓勾画出来。鱼身下部的光既集中又明亮，仿佛插着一排小蜡烛。

在海洋深处，有一种名叫鮟鱇的雌鱼。在它的口里长着一条柔韧的长丝，活像一根小小的钓鱼竿。这条长丝的末端能够发出光束，在黑暗的深海中宛如一盏明灯。鮟鱇鱼就是靠着这根长丝来诱捕小鱼的。当小鱼在黑暗中发现这盏"灯"时，往往出于好奇而游上前去，于是鮟鱇鱼便把"灯"收拢到自己的口内，并张开大口来等候小鱼自投罗网。这种会发光的鱼，就是依靠这种办法来求生存的。雄鮟鱇鱼由于体型比雌鱼小得多，所以只好终日附着在雌鱼身上，从雌鱼的身体上获得营养，因此人们把它叫做"海洋中的懒汉"。

鱼类发出的光，大多为蓝色或草绿色，但也有少数鱼类发出的光是淡红、浅黄、黄绿、橙紫或蓝白色的。发光本领高超的恐怕要算琵琶鱼了。琵琶鱼能发出黄、黄绿、蓝绿、橙黄等多种颜色的光。这是由于它身上甚至嘴里都带着发磷光的细菌，当这些细菌和来自血管里的氧相接触时，便发生反应，产生光亮。

> ## 《 鮟 鱇 》
>
> 鮟鱇体前半部扁平，呈圆盘形，尾部细小，长可达 50 厘米以上。背面紫褐色，腹面淡色，内有黑白斑纹。体柔软，无鳞。为近海底层鱼类，常潜伏不动，以游离背鳍棘为饵诱捕其他鱼类等。分布在中国沿海。

有些鱼类的头部有腺体性发光器。当它遇敌逃跑的时候，能发出光雾，迷惑敌人。

有人估算过，鱼类的发光器多达数千种。甚至很小的鱼，它的体表也会有几千个微小的发光体。

但是，不管哪种发光器官，发光时都离不开氧气。氧气供应停止，光就熄灭。这和人工复制化学光有点类似：化学光不需要电路和电池，只要与空气或氧气接触，即被活化而发光；把它装在密闭的容器里，隔绝了空气中的氧，光就立即熄灭。

奇鱼妙趣(一)

针线鱼 江湖海洋中的鱼类，历来都是弱肉强食，大鱼吃小鱼。但在太平洋里有一种尖细似针、体长如线的拉特贝尔鱼，也叫"针线鱼"，却有着独特的克敌制胜的本领。针线鱼嘴尖如针刺，躯体细长，大的有 80 厘米左右，呈垂直线在水中游动。它的嘴尖硬如钢针，碰到强敌——大鱼，它也敢冲上前去，从大鱼的体外像"穿针引线"般一下子

穿进鱼腹，吃食鱼肚中的五脏和鱼腹中的食物残渣。吃饱了，它还能从大鱼腹内穿刺而出，逃之夭夭。大鱼碰上了针线鱼，往往因受刺伤而断送了性命。

有角的鱼 埃及发现了一种头上长着两只角的鱼。鱼角尖而坚硬，长约 10 厘米，嘴长且硬，体如黄鱼。这种鱼的嗅觉特别灵敏，在十几里外就能嗅到血腥味，然后便迅速赶赴现场捕食。如被大鱼吞吃，它也毫不在意，用它的两只角，钻穿大鱼的肚子后逃之夭夭。被研究者列为凶猛的鱼类序列。

镜子鱼 临近地中海的阿尔及利亚渔村的姑娘，几乎每人都有一面用以梳妆打扮的镜子。这种镜子有一个花纹精细的手柄，背面有一些图案，镜面晶莹闪光，能

▲ 翻车鱼

清晰地映现出姑娘的面容。但是，如果仔细观察一下就会发现，这并不是一面普通

的镜子，而是一条硬邦邦的鱼干！手柄是鱼尾，背面的图案是鱼鳞，闪闪发光的镜面则是鱼肚。因此，当地人称这种鱼为"镜子鱼"。镜子鱼的肉非常鲜嫩。不过，鲜鱼你是吃不到的。因为当你把鲜鱼放在锅里煮时，它立即化成了鱼汤。只有把它腌成咸鱼，才能使鱼肉凝固起来，成为美味佳肴。

▲ 无眼鱼

三眼鱼 在加勒比海里生活着一种奇特的小鱼，它长着 3 只眼睛，中间的那只眼睛像一盏小探照灯，能够发出光亮，照亮 1.5 米左右的距离。如果这只发光眼生病或因其他原因不能发光，另外两只眼睛就会顶替它，轮流发光。

四眼鱼 它生活在南美洲热带海洋的浅水淤泥窝中。这种鱼有一对分别长于头部两侧的眼泡，每个眼泡用隔膜隔成上下两部分，其上部特别突出，因此形成了两对眼睛，故称之为"四眼鱼"。四眼鱼擅长游泳，它摄食的对象是飞行在水面上的昆虫。当它停留在水面上时，就把上部眼睛露出水面，一旦发现猎物，便跃出水面捕食。当水面上昆虫成群聚集时，它就连续跳跃捕食。

无眼鱼 在我国云贵高原和四川、广西等地的山洞中，生活着一种没有眼睛的鱼。这种鱼喜欢觅食岩底的糟粕，几个星期不吃食物也照样能存活下来。由于它长期生活在黑暗的环境里，眼睛便逐渐退化，但它的触须由于眼睛退化而变得十分敏感，尤其对声音特别敏感。

四颗心脏的鱼 在堪察加半岛周围海域，生活着一种盲鳗，它有四颗心脏，分别与头、肝、肌肉和尾相连。这种鳗鱼有惊人的耐饥饿能力，半年内不吃食也能畅游自如。

不用嘴吃食的鱼 在尼日利亚的泊朗湖里，有一种吃食不用嘴的鱼，叫"万齿鱼"，当地人称它为"立勒其罗尼"。万齿鱼并无"万齿"，且这齿也不长在嘴巴里。这种鱼头尖、身扁，躯体相当于头部的 70 ～ 80 倍。它的外皮上长满了一排排白色的椭圆点，看上去就像牙齿。椭圆点上长满了钢针似的透明针鳃，好像刺猬身上的针刺一样。针鳃上生着许多细小的吸孔，这便是它的吸食器官。当然，万齿鱼也有嘴，但嘴很小，吃食很不方便。因此，当它要吃食时，就用针鳃把游近它身旁的小鱼扎住，然后再用针鳃把小鱼揉烂，通过吸管吸入肠胃里。

　　有照明灯的鱼　　在马来西亚群岛的水域里，生活着一种奇特的鱼，在黑暗中，它能够自己照明。这种鱼每只眼睛上方都有一根水管伸向前方，管内有能发出荧光的细菌，好像汽车的前灯。有趣的是，这种鱼头上的"前灯"能根据需要"关"或"开"。

　　建房鱼　　在寒带海域里有一种丝鱼，体长仅十几厘米，它能用自身分泌出的一种丝状黏液在水中建造新房，所以也有人叫它"建房鱼"。每年冬天，当雌丝鱼性成熟接近产卵期间，雄丝鱼就忙于找水草茂密、适宜安居的处所营造"新房"。它找到"地基"后，立即衔草茎、草叶充当"梁柱"，然后口吐黏液，绕着"梁柱"旋转，不消半天，就建成了一座像酒瓶似的"新房"。新房建成后，雄丝鱼就开始"迎亲"了。它把在草丛里憩息的雌丝鱼迎进新房，待其产卵。这时，雄丝鱼便在门外巡逻、警戒，以防"敌人"的侵犯和干扰。雌丝鱼产完卵后出"产房"，雄鱼就把新房的尺寸缩小，并用尾鳍和胸鳍向门里输送含氧丰富的水流。当小鱼孵化出后，它又用嘴送饵料进房，养育仔鱼，直到小鱼能独立游泳摄食为止。至此，雄丝鱼也就忠诚地完成了它毕生的事业，在耗尽精力之后，便默默死去了。

奇鱼妙趣(二)

会爬树的鱼　在我国南方，有种会爬树的鱼，名叫攀鲈。从表面上看，攀鲈与其他鱼类没什么两样，但是它的鳃盖、腹鳍和臀鳍上都生有坚硬的棘，它就是依靠这些来爬行和攀登的。攀鲈爬行时，先将身体的一侧紧贴地面，然后将这一侧的鳃盖棘撑开，像许多钢叉插入地面，借此支撑自己的身体。再用尾部拍打着地面，借助腹鳍棘的力量，使身体跳跃前进。攀鲈为什么要离开水，而又为什么可以较长时间离开水生活呢？原来，攀鲈最初生活在热带的浅水或沼泽地带，那儿天气炎热，河水和沼泽容易干涸。为了生存，攀鲈的祖先从干涸的水域爬出来，到处去寻找食物和新的栖息地。经过长期的演化和自然选择的结果，攀鲈的身体发生了变化。鳃盖、鳍上都特化出了硬棘。除了鳃以外，还产生了可以直接呼吸空气的器官——鳃上器。因此它可以在陆地上生活一段时间。

▲攀鲈

善于潜伏偷袭的鱼　瞻星鱼是一种小型的底层鱼类。它长相丑陋，肥大的头像个方木箱，大口朝上张着，眼睛长在头顶上。瞻星鱼身体笨拙，行动迟缓，不能像其他鱼那样去追逐食物，全靠玩弄"埋伏偷袭"的把戏来捕获食物。它常把身体埋在泥沙下面，只有一张大嘴裸露在沙面外，还有一对不起眼的小眼睛，看上去就像是泥沙面上露出了一道裂缝。这对那些粗心的小鱼来说，是很难识破的。不仅如此，瞻星鱼还有另一个"绝招"，就是能把下颌上生长着的膜状红丝条伸出沙面上，并做出各种动作，既像小虫爬行，又像蚯蚓蠕动，以此引诱小鱼。当小鱼向它游来时，早有准备的瞻星鱼突然抖掸身上的泥沙，冲向小鱼，饱餐一顿。

会打洞的鱼 在水生动物中，黄鳝堪称是打洞的"行家里手"。黄鳝身体细长，前段呈管状，向后逐渐侧扁，尾短而尖，属于游泳缓慢的底栖生活的鱼类。在弱肉强食的生存竞争中，黄鳝练就了一身打洞本领。它头部坚硬，身体光滑无鳞、富有黏液，很适宜打洞穴居。黄鳝的洞穴多在临近水面的堤坎边上，只要将头伸出水面就可以换气。其洞穴为向下倾斜式，洞内有拐弯和支洞。

不需要水的鱼 在斯里兰卡，有一种叫"阿那巴斯"的鱼，这种鱼不喜欢长期在水里生活，偶尔会跳出水面，在干燥的地面上爬行。它即使在陆地上生活三四天，其生命也丝毫不受影响。原来，这种鱼的头部有像蜗牛一样的骨头，其中储存了大量的水。因此，即使离开水面，它仍可得到水分的补充以维持生命。

会作茧的鱼 在生物界里，不仅蚕能做茧，生活在非洲、澳洲和南美洲的肺鱼也会结茧。肺鱼喜欢生活在水流平缓、草木丛生的净水河流和水塘之中。雨季时，肺鱼用鳃呼吸；当水域干涸时，肺鱼就把自己藏在淤泥之中，利用体表分泌的具有极大凝聚力的黏液，调和周围的黏土，形成特殊的屋式泥茧，围住身躯，进入休眠状态。肺鱼的茧是密封状的，只留下了呼吸孔。肺鱼茧的长度可达 2 米以上，与蚕茧相比，堪称"巨型建筑物"了。肺鱼的茧做得非常坚固结实，以致它不能自行破茧而出。直到雨季到来，茧屋的淤泥被水泡软冲散时，它才能重新恢复自由的生活。

穿"外衣"的鱼 印度洋阿明迪维群岛附近的大海中，生长着一种鹦鹉鱼。这种鱼出于自卫，会分泌出一种透明的黏液将全身包起，一旦有敌情出现，这种外衣便坚硬如铁。当被敌人袭击时，这种外衣的表面还会渗出一种有毒的物质，能使敌人落荒而逃。

爆腹产子的鱼 在贝加尔湖1000米的淡水深处，有一种胎鲴鱼。它们只有人的小手指长，全身透亮。其生存方式特别有趣。雌鱼怀孕期满后，就带着满腹幼鱼，尽全力向水面上游。在临近水面时，由于压力消失，腹部就会突然爆裂，于是小鱼就从母腹中降生了，不过母鱼稍后就会死去。

造屋鱼 虾虎鱼，四川俗称"沙沟"。它吹沙而游，咽沙而食。在自然界激烈的生存竞争中，虾虎鱼靠着特殊的"造屋"本领来保护自己。虾虎鱼的"屋基"利用空贝壳、碎瓦片，丝毫不加修整，只是凹面一定要向下。最后再打一条"地道"通向外面，并用细沙掩盖。至此，一所隐蔽的"地下室"便建成了。虾虎鱼的造屋工作完全由雄鱼担当。只有屋建成后，雄虾虎鱼才有了找配偶的"资格"，把相中的对象迎进屋来生儿育女，繁衍后代。

> **《最毒的鱼》**
>
> 世界上毒性最大的鱼是生息于印度洋和太平洋赤道水域的石鱼。这种鱼有很大的毒腺，是其他已知鱼类所不能比的。由于这种鱼背鳍的刺中含有极强的神经毒素，直接接触往往能使人致死。

怪鱼种种

女儿国

科学家们经过调查证实，银鲫原来是一种特异的三倍体单性种群，世世代代进行着母性遗传（雌核发育），以保持其纯洁的女性世界。

三倍体的银鲫繁殖后代的方式也很特殊，和一般鲫鱼以及绝大多数鱼类不同。多数鱼都属二倍体，如鲫鱼的每个体细胞中都含有 100 个主管遗传的染色体，因而所产生的卵子和精子中的染色体都减半为 50 个。这种精、卵细胞叫做单倍体。受精时，精子进入卵子后，继而分裂发育。这些鱼在繁衍后代时必须经过精卵的结合。而三倍体银鲫的每个体细胞中，却含有 162 个染色体。它们产出的卵子的染色体数不减半，仍然是 162 个。

> **染色体**
>
> 染色体是存在于细胞核中，能被碱性染料染色的丝状或棒状体。细胞分裂时可以观察到，其由核酸和蛋白质组成，是遗传的主要物质基础。各种生物的染色体都有一定的大小、形态和数目。

那么它们是如何进行传宗接代的呢？原来，银鲫雌鱼在繁殖后代时，一定要有其他雄鱼的精子来刺激它的卵子，但精子绝不参与真正的受精过程。卵子被精子激活，并进一步进行自我分裂，从而发育成雌性的后代。因此，银鲫所生下的只能是外形特征、内部构造和母亲一样的清一色女儿们了，于是便形成了这个鱼类中的奇特的"女儿国"。

冻不僵的南极鳕

巨大的南极鳕是南极海洋中具有代表性的鱼类。它生活在冰层下数百米的海洋深处，体重一般有数十千克。南极鳕常年生活在 − 1.9℃的冰冷海水中，不但不会冻僵，而且照常进行生长和繁殖。这是为什么呢？

美国生物学家德夫里斯领导的研究小组对这一问题进行了专题研究。他们每天都用一条加重的钢缆穿过约 3 米厚的冰层，伸到 500 米深的罗斯海海底，捕捉巨大的南极鳕。然后，他们抽取南极鳕体内的血液，分离血液中的防冻物质，并对这种物质进行研究。经过多年的分析研究，德夫里斯等人从南极鳕的血液中分离出了一种防冻剂。这是一种肝糖蛋白质，与市场上出售的乙二醇有一点相似，其功能就像冬季汽车里加入防冻剂所起的作用一样。

南极鳕耐寒奥秘的研究，为人类在更低的温度下有效地保存血液、精液、移植器官和其他具有活性的生物产品，开辟了新的前景。对于研究和提高柑橘等果品对低温和霜冻的忍受能力，也具有很大的参考价值。

长角的鱼

在太平洋、印度洋的热带海域中，特别是在绮丽的珊瑚丛中，每当朝阳跃出海面，便有一种头上长角、尾巴长刀刺的鱼，成百上千地聚集成群，慢悠悠地游来游去，眼睛不住地四面搜寻，嘴里不停地吞食。一到夜幕降临，它们就各自散开，躲进珊瑚礁中，或者静静地躺在海底，休息过夜。这种头上长角的鱼就是犀鱼。

▲ 犀鱼

犀鱼，又叫独角鱼、鼻鱼。因它头前（大多是在眼睛的前面）长着一只角，就像非洲独角犀那样，因而得名。其实，它的角只不过是成年犀鱼额上的一块骨状突起，或是吻部向上扩大或隆起，看上去像是一只"角"罢了。

犀鱼的角不仅是它的特征，而且也是区别不同种类犀鱼的明显标记。例如，长吻独角犀鱼的额退化，角骨后端后移，角的长度不超过鱼体；短吻独角犀鱼正好相反，它头部陡峭，角的长度远远超出了吻。

犀鱼的皮肤很厚，皮上覆盖着并立的栉鳞片。它的背鳍起自鳃盖，贯穿整个背部；臀鳍起自胸鳍之下，延伸至尾部。犀鱼的幼鱼和少数成鱼，尾鳍垂直竖起，不少种类都有细长的尾针。这是区别它们的标志。

不少犀鱼具有迅速改变体色的能力。特别是胸鳍后面和上面的一块大表皮，更容易变色。有些犀鱼，例如短鼻独角鱼和六眼独角鱼，还能突然变得色彩艳丽、明亮，有时还能发出淡蓝色的光。这种发光现象，在它受惊或自卫时经常出现。

犀鱼虽然不是有毒鱼类，但却有一个可怕的武器：尾刺。在犀鱼尾椎两侧，有两个向前突出而又弯曲的骨质板，锋利如刀，是犀鱼的防卫武器。对于来犯者，锋利的尾刺会给它留下深深的伤口。而且，犀鱼还能左右开弓，分别用它尾部两侧的"刀"来击刺对方。所以，人们把它叫做"海霸"，列为有害的鱼类。

水族馆里的明星——翻车鱼

翻车鱼的样子是相当滑稽可笑的。它看上去似乎有头而无身。那么巨型的大鱼却长着樱桃似的小嘴巴；一只背鳍高高竖起，宛如一张三角形的风帆；后身像被一刀切去似的，缀上一件"超短裙"，那是尾鳍。不过，这样的体型却能很好地适应漂浮生活。由于它常在海面上缓缓前行，有时像老人般安静，于是被人称作"海洋中的懒汉"。

翻车鱼，又称翻车鲀，主要生活在热带海洋，属鲀形目鱼类。它种类不多，世界已知的约4种，我国南海有两种，那就是翻车鱼和矛尾翻车鱼。它以个体庞大、体型奇特、习性有趣闻名，又因不易捕获而身价倍增。翻车鱼较大者长5.5米，高约4米，体重1150千克。它体形侧扁，背腹各伸出一个长鳍，后端平截，尾鳍像一条弧形花边装饰着身体的后端。矛尾翻车鱼的背腹尾三鳍相连，像武士的头盔戴在后方。头圆钝，配有一张樱桃小口和一双微笑的眼睛，身体两侧中部各有一个小小的胸鳍，颇似一对招风的耳郭，看上去真是妙趣横生。难怪世界各大型水族馆争相饲养展出，不少游人千里迢迢来访，一睹为快。

翻车鱼以上层小鱼及虾为主食。然而在有的翻车鱼的胃里，也可以发现小型的深海鱼，这说明它也善于深潜。

事实告诉人们，天阴时是见不到翻车鱼的，这时它已沉落海底。当它要上升时并不靠鳍（它无鳔），而是靠厚厚的皮及含水较多的肉体。翻车鱼喜欢浮上水面晒太阳。日本人根据前者称它为"浮木"；美国人根据后者叫它为"太阳鱼"。

翻车鱼性情孤僻，平时多单独行动，生殖时节才雌雄成双嬉水，谈情说爱。它貌似愚钝，却感觉敏锐，当水温下降或盐度有细微变化时便迅速游离或潜入深水。

澳大利亚沿岸的海滩上有时会出现搁浅的翻车鱼。这是因为它追逐小鱼时忘乎所以，遇到落潮想撤退时为时已晚。

翻车鱼身价极高，仅一尾翻车鱼的鱼肉就能抵得上几头黄牛的价钱。它的肉质透白通亮，肉

《 翻车鱼 》

翻车鱼体侧扁，呈卵圆形，长1~1.5米，最大体长达5.5米。银灰色。口小，牙愈合成牙板。鳃孔小。背鳍和臀鳍高大相对，无腹鳍，尾鳍退化。为大洋漂浮性鱼类。主食浮游动物，也食小鱼。怀卵量多达3亿粒。幼鱼营深水生活。中国沿海均产，但不常见。

▲ 翻车鱼

味鲜美。其肉如在海水中漂洗能泛起大量泡沫，鱼肉随之散成条状。翻车鱼的经济价值较高。其肝脂可治疗刀伤、肠胃病和软骨病；皮可制革；鱼骨柔软，精制而为"明骨"或"鲛冰"，是上等佳肴。尽管如此，当地渔民深知翻车鱼是稀有鱼类，为了使其不致绝种，往往出动很多人用绳索将其缚住，送回大海。

翻车鱼是鱼类中的产卵冠军。一般的鱼，一次产卵几百万粒已经算多的了。而翻车鱼却能产卵 3 亿粒！每颗卵的直径约有 0.13 厘米，堪称"英雄母亲"。由于其所产的卵是浮性卵，特别容易被别的鱼吞食，只好靠多产卵来延续后代。这种情况，在鱼类中是常见的。就拿鳕鱼来说吧，它一次能产 2800 万粒卵，可是，每 100 万粒中不到一万粒可以发育成鱼。尽管翻车鱼产卵那么多，但成活的数量却很稀少，所以哪个自然博物馆或水族馆能得到一条翻车鱼就足以引以为荣了。

尽管翻车鱼对各地自然博物馆或大型水族馆是极有魅力的，但想把这位"明星"聘到馆中让游客一睹其风采却难以办到。因为它太难伺候了：水池中的水含盐量掌握不好或水温稍低，它就会大发脾气，甚至会撞壁而死。不过日本千叶县一个水族馆却成功地养活了一条名叫"媛媛"的翻车鱼，他们成功的秘诀之一是池壁四周都用尼龙薄膜护住，它想自杀也办不到。

"杂技鱼"的奇妙表演

杂技鱼，也叫跳鱼，栖息在亚马孙河中。平时，这些小鱼并没有什么可以吸引人的地方，但一到了繁殖期，它们的表现就很不一般了。形影不离的雄雌跳鱼，在河里寻找叶子稍稍高出水面的那种植物。它们在叶子紧贴水面的地方长时间地游来游去，选择着表演杂技的"舞台"。一旦有了合适的地点，它们便开始来回"奔跑"，越来越起劲，越来越快。有时向上进行试跳，或者是把头伸出水面。终于，这两位小柔软体操家紧紧地贴挤在一起，它们头贴头、肋贴肋、尾贴尾，突然跳出水面，在空中转身，腹部向上，撞到叶子的下部叶面上，并紧紧地吸在叶子上。就这样，它们背朝下在叶子上要挂几秒钟，然后又掉落到水里。

跳鱼没有吸盘，也没有黏性的分泌物能吸附在植物叶子上。它们贴在叶子上的办法是很特别的。当一对跳鱼接触叶子的那一瞬间，它们猛然稍稍向两旁一拉，紧紧贴在一起的肋部中间便形成了一个真空的空间，这样就吸在叶子上了。两条鱼如同复杂的由两半组成的吸盘一样。假如是一条鱼单独进行跳跃，就不会吸附在植物的叶子上了。

在它们悬在植物叶面上的短暂的几秒钟里，雌鱼赶忙产出 5 ~ 12 粒鱼子，粘在植物叶面上。经过十来分钟，它们俩再重复表演自己的柔软体操项目。这样连续重复多次，直到全部鱼子产完为止。一条雌鱼一次能产鱼子 200 ~ 250 粒。

照看后代的任务由雄鱼承担。它在离卵不远的地方游动着，每隔 20 ~ 30 分钟就用尾巴使劲打水，使水溅到鱼子上，不然鱼子很快就会干死。到第二天的傍晚，小鱼便孵出来了，一条条地落到水里。

有些人喜欢在室内缸里饲养跳鱼。这种小鱼并不怎么挑剔，如果找不到合适的植物，便把卵产在鱼缸的盖子上。

几年前，日本的一家水族馆在饲养魮鱼的大型水槽中，安装了红绿等色的照明灯，以资点缀。不料，魮鱼的稚鱼看到红光都纷纷逃避，并隐藏起来。水族馆工作人员由这种现象联想到了"跳鱼表演杂技"，便开始在饲养魮鱼的稚鱼过程中，训练它表演"遵守红绿灯交通信号"的杂技节目，这也是用鱼表演杂技的开端。由于魮鱼的稚鱼畏惧红光，所以饲养稚鱼开始，在喂食时便开亮绿灯，这样使稚鱼将绿光与食物联系起来。经过长期反复的条件反射，只要一开绿灯，这些稚鱼便成群地游到绿灯下面寻找食物；关闭绿灯，开亮红灯时，鱼群便纷纷逃避并隐藏起来。待长

▲ 飞鱼

到 20 多厘米的成鱼之后，鱼儿习惯成自然，看起来便好像能自觉地遵守红绿灯交通信号一般。近几年来，日本的多处水族馆都开始训练鱼类表演很多有趣的杂技节目，"遵守红绿灯交通信号"，也是许多饶有趣味的杂技节目之一。

天下之大，无奇不有。除了会跳的跳鱼外，还有会飞的鱼呢！

在会飞的鱼中，要数飞鱼的本领最高强了。它飞得最远，有人在热带大西洋测得飞鱼最好的飞翔记录：飞行时间 90 秒钟，飞行高度约 11 米，飞行距离 1100 多米。然而鱼的飞翔，说得确切些，只是一种滑翔而已。飞鱼身体稍延长，近乎圆筒形，青黑色，长 20 ～ 30 厘米，胸鳍特别长。它的飞翔是这样的：首先，飞鱼在接近水面时，尾鳍左右作急剧摆动，使身体迅速前进，产生强大的冲力，然后突然跃出水面，把胸鳍张开，在空中作滑翔飞行飞鱼的这种举动多半是为了躲避敌害攻击，或船只靠近时受惊而飞，但有时也会无缘无故起飞。成群的飞鱼跃出水面，高一阵、低一阵地掠过海空，犹如群鸟。这种情景，在海上航行的人经常能看到。

> ## 《 飞 鱼 》
>
> 飞鱼，也叫"燕鳐"。飞鱼的长相与一般的鱼没有太大区别，只是它的胸鳍特大而长，可以延伸到尾部，胸鳍基部的肌肉都很发达。它的尾鳍呈叉形，两个叉大小不一，下尾叶较长。飞鱼是过着集体生活的鱼类。在太平洋的赤道和热带水域中最多。我国的南海、东海等水域也有分布。

飞鱼具有趋光的特性。若晚上在船的甲板上挂盏灯，成群的飞鱼便会寻光而来，犹如飞蛾扑火，撞昏在甲板上，一个小时可收拾一箩筐。飞鱼死后两翅往后斜竖起，活像喷气式飞机。飞鱼的肉特别鲜美，是上等佳肴。

水中的花朵——金鱼

许多国家都饲养金鱼，但最早饲养的是中国。金鱼属于鲤形目鲤科，一名锦鱼，是野生金黄色鲫鱼的变种。它多变的体态和色彩都是经过人工选择培育的结果，可以说是中国的一种艺术物产。根据它半家化、家化的演变过程，能在 700～800 年这样短的时期内把野生的"金鲫鱼"完全驯化，且又培育出了千变万化的新品种，这在世界野生动物驯化史上真可谓是一个奇迹。世界各国的金鱼都是直接或间接由中国引种的。据历史记载，金鱼最早传入日本是 1502 年；传至英国则为 17 世纪末叶；美国则是 19 世纪引进的。金鱼的祖先是一种呈金黄色、身长尾小的野生鲫鱼，亦称野金鱼。野金鱼的身体是长的，两侧是扁的，由躯干到尾柄、背面和腹面的轮廓是平滑的。金鱼的观赏品种体型与野生类型差异很大。宋朝诗人苏东坡有"我爱南屏金鲫鱼，重来拊槛散斋余"的诗句，说明在那时就普遍注意了金鱼与鲫鱼的亲缘关系。金鲫鱼最早是在我国晋朝时发现的，到了隋唐时期就已有了养鱼供观赏的习尚，到了宋朝被正式养作观赏鱼。金鲫鱼最古的家乡有两处：一是嘉兴的"月波楼"下，另一处是杭州西湖的"六和塔"下的山沟中和南屏山下净慈寺池内。到了南宋，赵构皇帝迷恋玩养动物，特在杭州建造德寿宫，宫内辟有专门养鲫鱼的池塘。在他的影响下，士大夫们也纷纷造池养鱼，形成一股风气。到了明朝末年，金鱼的饲养技术有了较大的进展，开始由池养转到缸、盆饲养。金鱼由野生，经半家化、池养家化到盆养家化的一系列过程中，环境条件有了很大的变化，金鱼在各个方面逐渐出现了变异，并被有意识地人工选择而大大加强，终于形成了形态和色彩极为繁多的现代金鱼品种。

金鱼品种繁多。五彩缤纷。究其美，须寓色彩、形态和运动于一体，其中又以色彩美为主。现今最受喜爱的金鱼有：

红虎头：上海、北京称之为"帽子头"或"堆玉"，日本则叫它"荷兰狮子头"。其体色红艳，头宽体短，尾鳍大而宽，背鳍直展如帆，头部肉瘤异常发达，从头顶一直包向两颊，眼和嘴均陷入肉内，形似草莓。肉瘤厚实，中间隐现"王"字纹路

金鱼的颜色

金鱼皮肤里的细胞只有三种颜色——黑色、橙黄色和淡蓝色。但为什么会呈现出那么多色彩呢？原来，金鱼的皮肤就像调色板，这三种颜色经过不同的组合，就使它的体色变得鲜艳而丰富多彩了。

者，更属上品。

鹤顶红：全身洁白无瑕，具有闪光，尾鳍长而薄，头顶着深红色肉瘤，神姿酷似丹顶鹤，非常雅致，游姿酷似仙鹤翩翩起舞，别有风趣。其中肉瘤方正厚实、色泽红艳者，视为珍品。

▲ 鹤顶红

彩色高头：体色蓝底杂有红、白、黑斑，五彩斑斓，头顶有肉瘤，肉瘤发育尚不够厚实。

玉印头：是来自红高头的变异。全身红艳，唯头顶肉瘤正中色白如玉。

水泡眼：属蛋种，背无鳍，因其眼球下挂有充满液体的半透明泡泡而得名。

狮子头：日本名"兰铸"，又名"卵虫"。其身体健壮，尾鳍矮小，头部着生的肉瘤肥厚发达，从头顶延及两边鳃盖，以致眼、嘴均被嵌入肉内。好似一头威风凛凛的非洲雄狮。

凤尾龙睛：金鱼中最早的品种之一。尾鳍长而柔软，下垂如凤尾，煞是美丽。也被称为长尾龙睛、裙尾龙睛。金鱼亦如花卉，以黑者为贵。墨龙睛的色泽黑如墨，背

▲ 凤尾龙睛

部尤显著，几百尾中方可选出一尾。

红珍珠：它不以色相取胜，而是以鳞片中央凸起、外观如粒粒珍珠而闻名。此鱼极难饲养，稍一不慎，珠鳞脱落，立即逊色了。

金鱼只有在水里才能生活，这是尽人皆知的常识，但并不是所有的水都适合金鱼生活。所以，养鱼必须先养水。那么，什么样的水才适宜金鱼生长呢？

1. 氧气充足。为了使金鱼获得足够的氧气，应该有较大的水面。这样可以增加水中的溶氧量，也便于水中的有害气体逸散到空气中。另外，要保持水面清洁，不使灰尘、浮污、杂物遮盖水面，阻碍气体交换。

2. 略含有机质。养金鱼的水中应该有一定量的浮游生物。不含有机质和浮游生物的水不是养金鱼的好水。各种浮游生物与金鱼在水中保持相对平衡。如果某些浮游生物的质和量发生变化，如水温过高、日光过强，都会使浮游生物繁盛，造成水中含氧量下降。此时应加水温略低的清水，从而缓解水含氧过低的问题。水中含有过多的有机质对鱼也不利。如残食过多，排粪不及时清除，在夏、秋季水温升高时，就会很快分解，使水中氨的含量剧增，导致金鱼死亡。

3. 温度适宜。金鱼属变温动物，体温常随环境温度的变化而变化。水温低于12℃，金鱼新陈代谢缓慢，生长基本停滞；水温高于30℃，金鱼的活动和摄食量也会受到影响。

金鱼的神奇本领

金鱼大约有几百个品种。老虎头金鱼头部很像老虎；红帖子金鱼全身银光闪闪，头上还戴着一顶宝石般的小红帽；水泡眼金鱼的两只透明大眼，活像两个大气球；五花丹凤金鱼穿着一件光彩夺目的花衣衫；还有朝天眼、珍珠鱼、绒球、墨龙睛等名贵品种。

这些奇形怪状的金鱼是怎样来的呢？其实，这是经过长期生活条件的改变和人工改良的结果。

譬如在人工饲养的金鱼群中，偶然发现了有的金鱼头部较大，也有的两眼向外凸出，或者有的尾巴像剪刀一样分叉，还有的颜色变得更加多彩了。这些叫做变异。于是养金鱼的人，就把这些符合人们需要的、有变异的个体挑选出来，让它们在优越的生活条件里传留后代，那些没有变异的后代继续挑选。如此一代一代地挑选下去，年代一久，就会形成许多奇形怪状的优良品种。

养金鱼说起来容易，做起来难。因为当你不了解金鱼吃些什么，喜欢在怎样的水中生活，它又怕些什么时，往往养不好金鱼，甚至金鱼会全部死光。例如，你如果用清洁沙滤水养金鱼，那么金鱼反而会死掉。这是怎么回事呢？

养过金鱼的人一定知道，金鱼最好的食料是活的"红虫"。红虫只有芝麻大小，长在肥沃的水坑里，它的食料是一些极微小的动物。当你把水经清洁沙滤过后，水中绝大部分生物都被滤掉，假使不另投食料在沙滤水中，金鱼因没东西吃不久即会饿死。而投入的红虫，由于生活在滤过的水中，吃不到东西，不久也会饿死。红虫死后，使水变质，若不及时换水，金鱼就会因为水的环境改变不再适合它生活而很快死去。

在换水时，应把新鲜水静置一段时间。因为新鲜水和鱼缸中的水不一样，如果直接更换，金鱼突然受不同环境影响，也会因不适应而引起死亡。静置后的新鲜水，由于在水温方面和缸中的水渐趋接近，此时更换金鱼就能够适应了。

养金鱼的人，常在金鱼缸里放进几根水草。不要以为水草仅仅是装饰品，它还有别的用处哩！

当我们在一个关闭着门窗的会场里时，由于空气浑浊、氧气不足，总会觉得十分气闷；然而一旦投身于大自然的怀抱，呼吸了充满着氧气的新鲜空气，霎时感到非常舒畅。

鱼和人的情况一样。夏天，鱼塘里的鱼经常浮上水面，其目的也在呼吸新鲜空气。

在金鱼缸里放进几根水草，目的是给金鱼设立几所氧气制造厂。水草利用溶解在水里的二氧化碳，再掺入周围取之不尽的水，借助从太阳光里捕获来的能量，制造成自己需要的养料。在制造过程中，它们将无数副产品——氧气，赠送给鱼儿，让金鱼去尽情呼吸。

金鱼在人们的心目中是一种娇柔纤弱的动物。它别号"金鳞仙子"，这一方面表明它婀娜多姿，另一方面也说明它弱不禁风。

令人意想不到的是，如此娇弱的金鱼竟然有一种独特的本领：它能在严重缺氧的恶劣环境里安然无恙地生活上几天！这是许多动物无法做到的。

大家知道，动物必须有氧气才能生存。那么，金鱼是依靠什么神通，能够不吸氧而活上好几天呢？这个问题引起了科学家的极大兴趣。

加拿大科学家霍克海卡经过几年的研究后终于发现，金鱼有一种崭新的"无氧代

▲ 金鱼

谢"机制，这是金鱼在长期的进化过程中形成的一种特异本领。

原来，一般的脊椎动物在缺乏氧气的情况下，会分解体内的葡萄糖来获取能量。其结果就是在取得能量的同时，也产生了乳酸废物。比如我们长跑时，会感到大腿酸痛得提不起来，就是因为剧烈的长跑引起体内缺氧，肌体便分解葡萄糖来补充能量，因而产生了乳酸积聚，造成肌体酸痛的状况。

如果金鱼也像一般脊椎动物那样分解葡萄糖、产生大量乳酸，那对它娇弱的身体无疑是有致命的危险的。

为此，金鱼就得另辟蹊径进行新陈代谢。幸亏天无绝人之路，金鱼在长期适应环境的过程中，逐渐形成了"分解葡萄糖——产生乙醇"的奇异代谢过程。金鱼在这个过程中，只产生乙醇，不产生乳酸，而这些乙醇对于金鱼的机体是没有害处的，反而能加速循环。这样，金鱼既避免了危险的乳酸，又意外获得了在严重缺氧的恶劣条件下继续生存的惊人能力。

鱼·水·氧

我们观赏鱼缸里的金鱼时，总是看到它们在大口大口地吞水，实际上金鱼不是在喝水，而是在呼吸。那么，鱼喝不喝水呢？

生活在淡水中的鱼，其体液浓度比周围的淡水浓度大，由于渗透压不同，使外界的水不断穿过皮肤渗入体内。因此，鱼就通过肾等排泄系统，把多余的水不断排出体外，这种鱼就不需要再喝水。

生活在海水中的鱼类要复杂些，可分两种情况。

一种是海产硬骨鱼类，如黄鱼、带鱼等。海水的浓度大于鱼体内体液的浓度，因此鱼体会不断通过皮肤向外渗水。这些鱼为了维持生命，就要不断喝水。但是喝进去的是海水，不能补充身体的水分。这怎么办呢？鱼不断失去水分，不就渐渐干瘪了吗？不会的。生物总是能巧妙地与环境相适应。原来，在黄鱼、带鱼这些海产硬骨鱼类的鳃片上，具有特殊的氯化物分泌细胞，这些细胞专门排除进入身体的多余的盐分，这就使鱼体的体液能保持正常的浓度。所以，这些海产硬骨鱼类，体表不断失水，也就要不断喝水。

另一种情况是软骨鱼类，以鲨鱼为代表。这些鱼的鳃片上，没有氯化物分泌细胞，但是它们的体液高于海水。因此，海水可以不断渗入体内，而多余的水和盐分又通过肾脏排出体外。所以，海水中的软骨鱼类和淡水鱼一样，是不需要喝水的。

另外，有些鱼可以来往于江河湖海之间，如刀鱼、鲥鱼、鳗鱼、鲈鱼等。它们或是河中产卵、海中长大、或是海中产卵，河中育肥。它们的特异功能在于鳃片上的过滤细胞可以灵便地运用，随着海水和淡水环境的变化而不断进行调整。

俗话说："鱼儿离不开水。"但有些鱼离开了水却渴不死，能在陆地上生活一段时间。

泥鳅的肠子很特别，前半段用来消化食物，后半段用来呼吸空气。它把空气吞进肚子里，肠子吸收了氧气，呼出的二氧化碳就从肛门排出。

黄鳝的脑袋特别大。因为它有一个宽大的喉头和腔，叫做"咽口腔"。离开了水的鳝鱼，就用嘴巴"吧嗒吧嗒"地呼吸新鲜空气。

乌鱼性情凶猛，牙尖嘴利，以小鱼为食。这种

> **《观赏鱼》**
>
> 通常来说，观赏鱼类是指那些色彩鲜艳或有奇特形状的鱼类。一般由三大品系组成：温带淡水观赏鱼、热带淡水观赏鱼和热带海水观赏鱼。

鱼的喉头上方有两个宽大的"鳃上腔"。离开水的乌鱼便用它进行气体交换，维持生命。

在非洲、南美洲和澳大利亚，有一种肺鱼，体长 1 ～ 2 米。它的鼻孔和口腔相通，缺水时便钻进泥里，用鳔当肺呼吸。等到发大水时才出来欢欣畅游，重新享受用鳃呼吸的快乐。

海边有一种指头般大小的"跳跳鱼"，学名"弹涂鱼"。每当海水退潮时，别的鱼儿都慌忙逃窜了，它们却有意留在海滩上，用尾巴和胸鳍跳来跳去，捉小虫子吃——这是它们每日一次用餐的大好时光呢！离开了水的跳跳鱼，用皮肤和口腔黏膜代替鳃，呼吸新鲜空气。当它一受惊吓，立即躲进泥洞中，等危险过去才又钻出来找吃的。

我国南方的江湖里，还有一种能爬上岸的鱼，它皮肤呈青褐色，泥鳅大小，用鳍和头上的棘当脚使，在地上慢慢爬行，捕捉小虫子。它还能爬到树上去，所以称它为"攀鲈"——爬树的鲈鱼。在它的鳃腔背后，有一片耳朵状的"副呼吸器"，出水后就用它来呼吸。据说攀鲈能脱离水 6 天而不死。

养鱼池里的鱼，则靠人的帮助才能更好地生存。

鱼池的水温，随气温变化而变化。但是人们可以调节池水的深浅来控制水温。初春气温较低，一般成鱼池的水深可控制在一米左右。这样，阳光能照射到池水底层，水温回升较快，可以增进鱼类的食欲。夏秋季水温较高，鱼也陆续长大，需要较大的活动范围，此时应深灌池水，使水温保持清凉，适宜鱼类生长。冬季注满池水，保持水深在 2.5 米以上。这样，池底水温能保持在 4℃ 以上，适宜鱼类越冬。

鱼靠鳃吸取水中的氧气，维持呼吸。通常情况下，池水溶氧量保持每升 4 ～ 5

▲ 观赏鱼

毫克，鱼就能正常生活。水中溶氧量降低到每升 1 毫克时，鱼就不吃食，浮到水面吞进空气，叫做浮头。如溶氧量继续下降，鱼就有窒息死亡的危险，就是"泛塘"。夏秋季水温高，氧在水中的溶解度降低，加上鱼类摄食量大、生长快、新陈代谢旺盛，需氧量就多。每到夜晚，池中的浮游生物及其他水生生物也要消耗氧气，往往造成池水溶氧量急剧下降。所以，鱼容易在清晨或黎明浮头或泛塘。因此，高温季节鱼池要勤灌水，并定时巡塘。一般鱼种池水位较浅，要经常排出陈水，增灌新水，这样可以促进鱼类成长。高产鱼池，池水往往有机物多，容易缺氧。需要设置增氧机，以防止泛塘，促进增产。

尖牙利齿专吃肉的鱼

我们熟悉的乌鳢（黑鱼）是靠偷袭其他小鱼来获取食物的。它们常隐蔽在草丛中，两眼窥视着周围的动向，当有小鱼游过时，它们猛然出击，一口吞掉。把这种捕食方法称为"突然袭击"，看来更恰如其分。黑龙江的狗鱼的捕食，也属于这一类型。在狗鱼的胃中曾经发现过老鼠、水鸟，甚至有落水的松鼠。这说明它们不仅攻击鱼类，有时还攻击落水的陆生动物。这些鱼类在捕食时，常迅猛出击，因此，它们有相当好的游泳能力。

> **狗 鱼**
>
> 狗鱼体延长，侧扁，长达1米多。青褐色，具许多黑斑。头扁平，吻长，口宽大，具犬牙。性凶猛。栖息于北半球寒冷地区淡水中，中国产于黑龙江流域。

乌鳢、狗鱼、鳡鱼（南方常见的凶猛鱼类）等鱼类，我们称为凶猛鱼类。虽然它们的肉很好吃，但它们是养殖业的大敌。如果坑塘和水库中有这种鱼类，对庭养鱼类伤害很大，应加以清除。但有些成鱼养殖的池塘中，因养殖对象个体较大，乌鳢等凶猛鱼类不能吞食，也可放养一两条乌鳢，利用它们抑制野生杂鱼的繁殖，节省饵料消耗。这也是养殖业中变害为利的例证。

▲ 狗鱼

生活在大洋中的金枪鱼，也是追捕性鱼类，它们常以蓝圆鲹、沙丁鱼、飞鱼等为食。

人们常常把凶狠的敌人比做鲨鱼，这是因为它是一种凶狠的嗜杀动物，是海上一霸。据说在大洋洲东海岸一带，150年来发生了近200起鲨鱼严重伤人事件。1942年，在南非海岸有一艘运兵船被鱼雷击沉，1000多人丧生，其中多数被鲨鱼咬死而葬身鱼腹。

鲨鱼是一个大家族，小的只有几十厘米，大的长达 20 多米。真正杀人的鲨鱼只有噬人鲨、白真鲨、居氏鼬鲨、无沟双髻鲨、短吻蓝齿鲨、白边真鲨、乌翅真鲨、长尾鲨、鲭鲨、尖吻鲭鲨、灰真鲨、大青鲨、太平洋真鲨和澳洲真鲨等十几种。

在鲨鱼家族中，又凶又狠的莫过于白鲨了。人们因此给它起了个绰号，叫"白色的死亡"。白鲨嘴巴很大，牙齿十分锋利，它可以轻松地将巨大的海鱼吃掉。即使是同一家族的成员，它也绝不会嘴下留情。白鲨的活动范围很广，几乎遍及温带海域，白鲨的可恶之处还在于，它经常神出鬼没地从深海游向海滨浴场，突如其来地伤害在水中游泳的人。

除白鲨外，虎鲨也是鲨鱼家族中一个十恶不赦的成员。它之所以被称为虎鲨，除了因为它的身体上长有像虎一样的道道花纹外，还因为它的凶残与虎比不相上下。虎鲨最大可长到 9 米左右，体重能达一吨。它只要发现海洋中有任何移动的物体，都要追上去，向其攻击。虎鲨的胃口很大，海洋中许多动物，经常成为它的腹中食。

猫鲨的贪食，简直令人惊奇。当它吃饱以后，要是发现新的鱼群，它甚至能将胃内尚未消化光的食物残渣全部吐出，重新吞进新鲜的食物。

极鲨的捕食方法也很狡猾。当它向鲸进攻的时候，先将其咬伤，待其鲜血流尽丧命后，便用尖锐的牙齿将肉一块块撕下来吃掉。

双髻鲨是较凶残的鱼类。别看它们头部向两侧突出，似乎增加了阻力，但游动起来速度仍然很快，不仅可以吞食较小的鱼类，有时也攻击较大的鱼类。在它们的胃中，人们甚至发现过带有毒刺的魟。有人说双髻鲨几乎可以吃所有的鱼类，看来是有一定根据的。

鲨类中最凶暴的是噬人鲨。它们个体大，牙齿尖利，边缘有锯齿，凭着快速游动和锋利牙齿追捕鱼类和海兽。攻击人的噬人鲨，一般具有相当大的个体，而且是在非常饥饿的时候。通常情况下，落水人最大的危险是，当被一条鲨鱼咬伤后，血液流出，散发出血腥气味。海中嗅觉敏锐的鲨鱼，很快就会闻味而来，当几条鲨鱼围拢攻击时，人的性命也就难以保全了。海中被击伤的鲸，也因被血腥气味招来的群鲨攻击而丧命。

长尾鲨的长尾常成为它们捕食的工具。它们经常先游到鲱鱼或沙丁鱼周围，用尾击水，使鱼群集中起来，以便于吞食。长尾鲨驱赶鱼群，有时还能看到两尾合作的情形。长尾鲨有时还用长尾在鱼群中猛烈摆动，然后吞食被击昏的鱼类。

锯鲨或锯鳐的捕食方法却与长尾鲨相反，它们是利用长而两侧带有锯齿状的长吻作武器。锯鳐时常冲进鱼群，猛烈摇摆这个锯状武器，把周围的鱼类刺伤、击昏，然后再吞食这些已经失去抗争能力的鱼类。锯鲨的习性较温和，常用锯状的长吻挑掘泥沙，以捕捉藏在泥沙里的无脊椎动物。

百发百中的神枪手——射水鱼

在以昆虫为食的鱼类中，有的种类不仅吃水生昆虫，而且对停留在岸边和掠过水面的陆生昆虫也不轻易放过。在这类鱼的摄食活动中，最奇特的是射水鱼，它那高超的技艺，使人不得不对它刮目相看。

射水鱼大多生活在南沙群岛和波利尼西亚群岛附近的沿岸海域河川中。射水鱼身体侧扁，嘴比较大，可以伸缩，下颌突出，在头的前半部。它们身体的颜色搭配非常艳丽，身体呈橄榄绿色，有几条粗的石青色条纹横在背部，尾部淡黄色，是观赏鱼类中的上品。

一般来说，射水鱼身长只有20厘米左右，长着一对水泡眼，眼白上有一条条不断转动的竖纹。在水面游动时，不仅能看到水面的东西，也能察觉空中的物体。射水鱼爱吃动物性饵料，尤其喜欢吃生活在水外的、活的小昆虫。在自然环境中，水面附近的树枝和草叶上的苍蝇、蚊虫、蜘蛛、蛾子等小昆虫，都是它的捕捉对象。

射水鱼的狩猎活动很像一位经验丰富的猎人。当它发现猎物——一只飞落在岸边水草上的昆虫以后，就会立即兴奋起来，将背鳍撑开，小心翼翼地接近水草，并无声无息地在水草周围游来游去，好像是在选择一个有利的地形、地势似的。当选中"阵地"以后，便停止活动，进入临战状态。它轻轻地划动胸鳍，悄悄地把嘴伸出水面……突然间，一股水流直向小昆虫射去，小昆虫翻身落水，这时射水鱼立即冲向猎物，一口把它咬住，吞进腹中。

射水鱼射击昆虫的命中率是相当高的。在一米多高的距离内，弹无虚发，百发百中。

跃出水面，像青蛙那样吞食空中飞虫的鱼类，还有一些，但像射水鱼这种枪打飞鸟的方式，却是绝无仅有的。

那么，射水鱼的喷水奥秘究竟在哪里呢？

原来，从外表上看，射水鱼与其他鱼类没有什么两样。但它的嘴部构造却很特别。在它的上腭有两个很深的小沟，当舌头紧紧地贴住上腭时，这种深沟便成了"枪管"。射水时，它鳃盖猛地一压，含在口里的水便通过小沟从口中喷射出去。射水鱼

可做书签的鱼

我国的南海，有一种怪鱼，叫"甲香鱼"。这种鱼身体十分扁平，薄而透明，身长约为6～9厘米，肉很少，不能食用，经济价值很低。但是由于其身体薄而透明，形态很美，可将其晒干作书签用，因而被人们称为"书签鱼"。

所射出的水流是可以变化的，有时是"连发"，有时是"点射"。这种巧妙的动作，是靠它舌尖的变化来完成的。它的舌尖宛如一个活门，当舌尖向下时，活门就打开，一股水流射出，这就是"连发"；如果舌尖一抬一落，就有水珠一束束射出，这便是"点射"。这种不同的射击方法，犹如军人使用自动步枪一样，真是神了！一般情况下，射水鱼射出的"水弹"具有放射性，当其快接近目标时，能散发出几个"小水弹"，扩大了射击面，从而保证了命中率。

▲ 射水鱼

真不愧是百发百中的"神枪手"！

　　射水鱼的绝技引起了科学家极大的兴趣。通过观察、实验、研究得知，射水鱼射击的精确性，可以达到弹无虚发的程度，它的射程，最远可达到 4～5 米，可靠射程是 1～2 米。科学家还发现，射水鱼的射击目标不仅是昆虫，就连俯身观察者的眼睛，甚至点燃的香烟，有时也成了它的攻击对象。总之，凡是闪闪发光的小东西，射水鱼都不会放过，它会竭尽全力地射击。

　　射水鱼还是一种体形和色彩都很优美的鱼类，容易饲养，又身怀射水捕食的绝技，深受观赏者的青睐。

　　在印度尼西亚，人们还把它们养在花园的水池中。在水池中央立一木柱，顶端装一个十字架，十字架上放一些小昆虫，供人们观赏射水鱼的"射击"本领。

海葵的好朋友——双锯鱼

在海底生长着茂密的海藻森林，奇异多彩的珊瑚，五光十色的海绵、海星，还有被称为"海菊花"的海葵。它们娇艳如花，争奇斗艳。

海葵色彩艳丽，像一簇簇随风舞动的鲜花，栖息在浅海或环形礁湖的海底。虽然海葵样子很美，但却有毒，小鱼一旦碰到它的触手上，就很难逃生。

不过，正如凶猛的鳄鱼也有朋友一样，有毒的海葵也有共生的伙伴——带彩色斑纹的双锯鱼。

双锯鱼一般长5～12厘米，身体呈橙色，头上和身上有三条阔而呈青灰色的纵向条纹，条纹上镶嵌着黑色或暗青色的边。柠檬色的鱼鳍上也镶有一道黑边。双锯鱼往往是一对成年鱼和几只半大的小鱼看中一簇海葵，就在海葵周围游来游去，这里就成为它们栖身和捕食的领地，绝不让别的同类来。

双锯鱼因为长得鲜艳夺目，往往被其他肉食性小鱼所追食。如果鱼发现双锯鱼，就偷偷地跟踪，到一定距离后，突然加快速度，猛扑过去。哪曾想，机灵的双锯鱼把身体一扭便从容地躲进了海葵的触手丛中，而那条贪婪的鱼却像触电一样，全身痉挛，落入陷阱，葬身海葵之口。看来，双锯鱼与海葵结伴，主要是为了寻求庇护。如果没有海葵的保护，没有自卫能力的双锯鱼很容易成为凶猛的大鱼的牺牲品。

这到底是怎么回事呢？原来，在海葵触手上有许多含有毒液的刺细胞。平时刺细胞缩在囊中，当贪食的鱼深入海葵触手丛，刺激了触手时，一个个刺细胞便像弹簧一样从囊里射出来，扎在鱼身上注射毒液。被射中的鱼就会中毒、麻痹、死亡，变成海葵的美味佳肴。因此，娇弱美丽又缺乏防卫能力的双锯鱼不但把妻室儿女安置在海葵触手的势力范围内，连外出搜寻食物也从不超出海葵触手的保护圈。

也许你会问：双锯鱼在海葵的"致命武器"之间钻来钻去，为什么能安然无恙呢？经过科学家观察、实验、研究之后发现，双锯鱼的皮肤能分泌出一种黏液，这种黏液对海葵刺细胞的毒液有着特殊的抵抗能力，因而不会受到伤害。这是双锯鱼和海葵长期共生的结果。

海葵不但庇护双锯鱼，并且还供给它们食物。双锯鱼主要吃浮游生物和藻类，也经常把海葵坏

《《 海 葵 》》

海葵是腔肠动物，单体，无骨骼。触手数目为六的倍数。种类很多，栖息于海洋，产于石隙或泥沙中，有的着生在贝壳和蟹螯上，为共栖的著名例子。

▲ 海葵

死的触手扯下来吃掉。

　　双锯鱼还寻食海葵进食时掉下来的残渣，有时还在海葵嘴边抢吃食物，海葵却听之任之，从来不会伤害它们。

　　双锯鱼对海葵的好处，主要是帮助它清理卫生。海葵身体不能移动，常常会被细沙、生物尸体或自己的排泄物掩埋，窒息而死。双锯鱼在海葵的触手中间游来游去搅动海水，冲走海葵身体上的"尘埃"、"污物"。如果有较大的东西落到海葵身上，双锯鱼便立即叼起，抛到一边去。

　　在实验时还发现，双锯鱼还会给海葵喂食。双锯鱼将猎物弄成碎肉，它把小肉渣吞食了，把较大的肉块叼起，送到海葵的触手里。有时双锯鱼和海葵还嘴对嘴地撕扯肉块来分享美味。

　　双锯鱼还引诱小型食肉鱼类，使它们触碰到海葵的触手上，成为海葵和双锯鱼共享的猎获物。

　　其实，这种鱼和其他生物共生的现象很多。比方说，互助合作的金翅鱼和冠海胆，朝夕相伴的牧鱼和霞水母，形影不离的向导鱼和鲨鱼等。

鱼也有保姆

鱼类同其他动物的共生，不仅表现在生活上的互相帮助、有福同享、有难同当，而且有的还表现在生殖上。共生的双方互为保姆，各自都把对方的子女视为亲生骨肉，悉心抚养。它们不是亲人，胜似亲人。

生活在欧洲和我国淡水中的鳑鲏鱼，是一种小型的鲤科鱼类。它们的外形很普通，没有什么特别之处，经常遭到凶猛鱼类的追捕和吞食，由于连自身都难保，自然也就谈不上如何去维护后代了。

不过，这种鱼具有奇特而巧妙的产卵方式——把产床选设在河蚌体内。每到生殖季节来临的时候，雌雄鳑鲏便成双结对，寻找河蚌的栖息场所。此时，鳑鲏的性别极易鉴别：雌鱼的输卵管延伸成管状，变为产卵管，挂在肚皮下，生殖孔就开口于管子的末端，雄鱼则没有这一结构。

河蚌属软体动物。结构上的主要特点是：鳃呈瓣状；有两扇贝壳，内有外套膜包裹着柔软的身体；有用来爬行和挖掘的斧足；身体后端有两个水孔，水从腹面的进水孔流进又从背面的排水孔排出。河蚌就是从水流中不断获得氧和食物，又不断把代谢产物随水流排出体外的。

鳑鲏发现河蚌后，雌鱼便毫不客气地把产卵管插入蚌的进水孔，将卵排在了蚌的外套腔中。雄鱼不失时机地立即往进水口喷射精液，精液随水流进入蚌体，跟卵相遇，形成受精卵，植于蚌的鳃瓣间，在那里直到孵化成幼鱼。

这真是一个打着灯笼也难找寻的世外桃源，既安全保险，又有充足的氧气供胚发育。鳑鲏鱼这一"借腹怀胎"的绝招使河蚌成了小鳑鲏的保姆。

更令人叫绝的是，河蚌的生殖也需要鳑鲏鱼，鳑鲏鱼是河蚌生活中一个不可缺少的伙伴。

河蚌具有秘密的婚姻史和成长史，雌雄河蚌的交配是在神不知鬼不觉之中悄悄进行的。

河蚌的生殖腺位于斧足的上部。一般在春末夏初，河蚌的生殖细胞成熟后，达到婚配年龄的雄蚌便羞答答地缓步移向"新娘"，成熟的精子经输精管随水流由排水孔排出雄蚌体外，接着又顺着水流，从进水孔进入雌蚌体内的鳃瓣间，通过输卵管与聚集在那里的卵细胞相遇而受精，并在此发育成幼虫。

河蚌的鳃瓣不仅是呼吸器官，还是幼儿发育的摇篮。鳃瓣的这种双重功能，在动物界也算是件稀奇事。

▲ 河蚌

这时的幼虫，由于两个小壳边缘都长着小钩，身体中央还有一根长长的鞭毛丝，紧紧地缠绕在母蚌鳃丝上，因此不会被水流冲走。根据这种结构特点，这一埋藏的幼体被称作钩介幼虫。

钩介幼虫发育成熟后，便随着水流从排水孔排到体外，落到水底或悬浮在水里。

当鳑鲏鱼找到河蚌这个理想的代孕者，兴高采烈地产卵时，钩介幼虫也同样抓住这一难得的好机会，用它贝壳侧缘上的钩，把身体钩在了鳑鲏的鳃或鳍上。钩附不上，它便在水底向上张开两壳，露出摆动着的鞭毛丝，等待着其他鱼的到来。如时运不佳，等待它的就只有死亡了。

鱼体受到钩介幼虫的刺激，周围组织增生，很快形成一个被囊，把幼虫包围起来。幼虫暂居其中，吸取鱼体内养料，过起了寄生生活。大约两三个星期后逐渐变成小蚌，才破囊而出，落在水底，开始了底栖生活。

自然，河蚌的钩介幼虫也可寄生在各类鱼体上，不过因为鳑鲏要在蚌体内产卵，接触的机会当然也就更多了。

一只大的河蚌可产 300 万个钩介幼虫，而一尾鳑鲏鱼体上则可容纳和供养 3000 个钩介幼虫寄生。

你看，河蚌做了鳑鲏子女的保姆，而鳑鲏也做了小蚌的保姆。它们相互照看后代，彼此帮助，共同完成了生儿育女繁衍种族的任务。

动物界存在的外来保姆帮助抚养幼体的现象令科学家倍感兴趣，但迄今比鸟类还要低等的脊椎动物还没有发现有这类保姆。据推测，一部分原因在于"冷血型"脊椎动物还没有建立起互助的社会体系。

但不久前，科学家们在非洲发现了一种淡水鱼存在保姆的现象，证实了在鱼类中也有保姆。这种叫狭腹鱼的淡水小鱼，身长只有 6 厘米，生活在非洲的坦噶尼喀湖。据称，这种鱼以湖底的洞穴或裂缝作为庇护所，每年都在这里进行繁殖。科学家们发现，在繁殖期间，外来未成年的同类小鱼都会不约而同地与亲鱼共栖，表面上它们似乎形成了一个临时"家庭"（每一对亲鱼平均栖养 7～8 条小鱼），事实上这些小鱼入伙的目的是起着一种保姆的作用。它们不但帮助照料鱼卵与幼鱼，而且帮助亲鱼守卫领土、击退外敌，并担负清扫与修补窝巢等工作。在这期间，一对亲鱼形影不离，作为保姆的外来小鱼也忠心耿耿地不离左右。10 个月以后，它们完成了保姆的任务便自动离去，重新自在地遨游于湖水之中。

为什么这些外来小鱼会自动承担保姆的任务呢？学者们推测，除了有一定的血缘关系外，返游在亲鱼身边一则可以获得自身的安全，二者可以学习生儿育女的经验。

鱼类的提醒

鱼眼镜头

人眼的视角以"看得见"的标准来计算约有 150°，但若以看得清楚为标准则只有 50°左右。要想扩大观看范围，除了上下转动眼球外，还得转动头部。一般情况下，照相机镜头的视角和视场与人眼差不多。焦距为 50 毫米的镜头，视角只有 50°左右，其成像范围非常有限。

在生物界中，视角最大的要数鱼眼，可谓动物之魁，约为 160°～170°，有的甚至更大。科学家们经过对鱼眼的研究，设想：如果根据鱼眼的形状为照相机设计一个鱼眼镜头，那么照相机的成像范围不就可以扩大许多吗？这一设想若干年前已经变成了现实。人们不仅已经研制出视角为 180°的超广角镜头，还研制出了视角接近270°的鱼眼镜头。这种镜头，能使整个空间的影像投射到一块小小的底片上，得到了比鱼眼更大的成像范围。

鱼眼镜头由凹透镜和凸透镜构成。镜头的前半部分是几片度数很高的凹透镜，后面是一组度数也很高的凸透镜，用来把前镜构成的虚像变成实像，在胶片上感光成像。这种镜头把焦距做得极短，所以可得到宽广的视角。

这种鱼眼镜头有许多特殊用途。在国外超级无人售货市场或展览大厅的天花板中央，常常安装一个装有鱼眼的摄像机，使整个商场或大厅都投射到摄像机的鱼眼镜头上，监控人员可坐在屋内，通过电视屏幕来监视商场或大厅里发生的一切情况。现今所用的电视摄像机的镜头，由于视角小，拍摄角度很大的场景时，必须使镜头不停地来回扫描，才能拍摄到每个角落。采用鱼眼镜头，整个场景可尽收眼底，不必转动镜头去拍摄。鱼眼镜头用于水下摄影时，由于它的视角大，可以尽量靠近被摄物，因而大大提高了水下摄影照片的清晰度。用鱼眼镜头拍下畸度很大的照片，另有一番情趣和欣赏价值，所以也越来越多地出现在摄影艺术作品的行列里。

比拉鱼威胁生态平衡

"三条小的比拉鱼，就如同一条凶残的鳄鱼。"——这是生活在亚马孙河两岸的印第安人常说的一句话。说这话是有原因的。近年来，使科学家们感到震惊的是：比拉鱼不仅在数量上急剧增加，而且其性情也变得更加贪婪和凶残。在亚马孙河及其支流里，成群的比拉鱼极其频繁地向周围的野生动物，甚至向人发起攻击，对野生动物和人的生命构成了威胁，也严重地影响了亚马孙河流域的生态平衡。虽然导致这些现象的原因至今尚未搞清，但有一点已向人们表明：必须马上采取措施来对付这些凶残的比拉鱼。

为此，巴西当局开展了捕杀比拉鱼的运动。最初是由受过专门训练的警察向成群结队的比拉鱼投放炸药，但由于发现和采取措施较晚，无济于事；继而鱼类学家们又专门培育了一种能吞食比拉鱼卵的鱼，但不知何故，比拉鱼的数量仍有增无减。这之后，虽然人们又采取了许多种方法，但都以失败而告终。

据悉，科学家们现已制定了一项复杂的战略性计划，打算在数年后，研制出一种可阻止比拉鱼鱼卵发育的物质。但要达到这个目的，得有20万吨以上的这种物质。而且，若想使其充分发挥效力，还必须对比拉鱼的生物学特性、活动区域和路线，以及产卵时间等了如指掌。这件事告诫人们：对比拉鱼威胁生态平衡的这类事件，应该防患于未然。

环保卫士——象鱼

在非洲的泥沼中有一种长鼻子的鱼，人们把它叫做"象鱼"。这种鱼在尼罗河流域最多，但它在世界其他地区也能繁殖。这种鱼可以做环保卫士，因为它们对污染的水很敏感，即使只有轻微的毒质，也会引起反应。这种反应是通过象鱼的发电器官和它布下的电场来表现的。

象鱼对污染的水的反应比任何人工监测方法都来得快。因为电气测量设备只能监测规定范围的物质，对于预料不到的化学物质却无能为力。尽管人们不断采用新技术，但是仍然不可能把水中所有的毒质都及时地鉴别清楚。因而多年以前人们就开始利用鱼类，使这些水中动物成为监测者。鳟鱼是第一个作为试验品的鱼种。

▲ 象鱼

可是，用鳟鱼等进行水质测验不能马上奏效。但象鱼的反应却不一样，因为它有四种发电的器官。由于它本身的结构，其中的每一种都是绝缘的，并有特殊的细胞组织，感应器就在这些细胞中，它能很好地记录毒质的危害程度。象鱼对有毒物质，以及铅、镉、铬、砷、氰化物、硫酸盐、硝酸和水银等重金属特别敏感，反应迅速，准确无误。人们用两个电盘来记录象鱼对污染的反应。

各国科学家在象鱼的特殊功能的启发下，正在做进一步的研究、试验，希望能研制出像象鱼一样灵敏的全能的环保监测装置。

养鱼灭蚊

早在 1.7 亿年前，蚊子便出现在地球上了。现在全世界共约有 3000 种蚊子。在所有的昆虫中，蚊子的飞行技巧是最高超的。它只要开动身体中部的特殊翼肌，每秒钟振动 250～600 次，便可以回旋飞舞、翻筋斗，还可突然加快速度或减慢速度，甚至能用倒转飞、侧飞和倒退飞来逃避人们夹击它的双掌。不仅如此，它还能够在雨中飞行，避开雨点，保持身上干爽依旧。

叮人的都是雌蚊。虽然它们患有先天性的夜盲症，但是靠着它那对触须和腿上的传感器，可以根据人在睡梦中呼出的二氧化碳的浓度，在 1‰秒内做出反应，接着准确敏捷地飞到吸血对象那里。然后，它便依赖近距离传感器感应到人的湿度、温度和汗的成分，来决定取舍。

选择好了对象，它就用极度轻巧的动作降落在人的肌肉上。再从双眼下伸出蚊喙——六根比头发还细的尖蜇针。其中两根是食道管和唾液管；两根是刺血针（一对上颚）；两片锯齿刀（一对下颚）；一层槽状鞘，把这些蜇针扎成一束刺入人的皮肤。刺的深度大约有隔日未剃的颊髭那么长，直达密密的毛细血管网。那源源不断的血液让它在一分钟之内饱餐一顿。然后，它将唾液留在人的皮肤上，使人产生痒得难忍的肿块。

雌蚊在吸血之前，运用鼓翼的特殊音响，将雄蚊吸引过来进行交配。每交配一次足够它在为时一两个月的生命中，产卵四五次。而每次准备产卵时，它就用贮存在体内的精子使卵子受孕。蚊子未成虫前经过的三个阶段——卵、幼虫及蛹——都是在水中或近水的地方。因为蚊卵必须在水中孵化，所以在人们居住的周围，即使是一点点积水，经过一星期左右也能孳长无数的蚊子。

蚊子主要的危害是传播疾病。据研究，蚊子传播的疾病达 80 多种。在地球上，再没有哪种昆虫比蚊子对人类的危害更大。能传播疾病的蚊子大致可分为三类：一类叫按蚊，俗名疟蚊，主要传播疟疾；一类叫库蚊，主要传播线虫病和流行性乙型脑炎；还有一类叫伊蚊，身上有黑白斑纹，又叫黑斑蚊，主要传播流行性乙型脑炎和登革热。

蚊子是在水中繁殖的，所以养鱼灭蚊是比较有效的办法。

近年来，世界各地由于主要疟疾媒介蚊种产生抗药性的速度很快，人们开始实施稻田养鱼灭蚊的新方案。1981 年，世界卫生组织在日内瓦召开了一次养鱼灭蚊的专门会议，会上推荐了草鱼、罗非鱼、青鳉、食蚊鱼等适合养殖的灭蚊鱼种。

观察结果表明，体长 5.5 ～ 6.0 厘米的草鱼，每天吞食蚊子幼虫 439 只；体长 11 ～ 12 厘米的青鳉，每天吞食 309 只蚊子幼虫。

广西防城县一个海滨渔村，居民在水缸中放养一条胡子鲶，使缸中蚊子幼虫的密度下降了 90% 以上，有效地控制了登革热病的流行。

如果在池塘、稻田里养殖胡子鲶，不仅可以灭蚊，还可以养鱼，一举两得。

胡子鲶，也叫塘虱鱼、土虱鱼，国外又叫它"猫鱼"。它是鲶鱼的一种，属于热带和亚热带淡水鱼类，主要分布在印度支那半岛和我国广东、广西、云南、福建、台湾等地。我国水域生产的鲶鱼大约有 70 多种，其中主要有短尾胡子鲶和两栖胡子鲶两种。

▲ 胡子鲶

《 胡子鲶 》

胡子鲶体长约 20 厘米，灰褐色。有须四对。背鳍和臀鳍延长，胸鳍具一硬刺，尾鳍呈圆形。无鳞。鳃腔上方具树枝状的辅呼吸器，能呼吸空气。主要产于我国长江以南的淡水中。

胡子鲶肉质细嫩、味美，经济价值较高，具有药用功能。外科手术后，如果常吃这种鱼，伤口可以迅速愈合。可以治疗儿童疳虫和消化不良。把它和黑豆煮在一起，还有活血、补血功能，对产妇和贫血者都有滋补作用。

胡子鲶喜欢成群生活，常生息在河川、池塘的黑暗处和洞穴里。胡子鲶食性比较杂，在自然水域里，它主要捕食一些小鱼、小虾和水生昆虫等。人工饲养的时候，主要吃一些花生饼、豆饼等人工饵料和猪粪、牛粪等。

胡子鲶可以池塘养殖，也可以稻田养殖，还可以在庭院空地上挖井筑池养殖，一年可放养两次。稻田养殖胡子鲶，成本低，收获大，管理方便，既不占用农田，又不影响水稻密植和浇灌，可以就地采苗、就地放养，一般亩产 50 ～ 100 千克。

近年来，国内外一些生物学家研究出了一种生物治虫法。他们掌握了蚊子在水中产卵繁殖的规律，在沟河和稻田里放养一种小鱼，这种小鱼就是食蚊鱼，专吃蚊子和幼虫为生。据说，俄罗斯、阿富汗、伊朗等一些国家，由于引进了食蚊鱼，在控制疟疾流行上收到了良好的效果。

灭蚊能手——柳条鱼

对于人类，蚊子的罪行是罄竹难书的。人类与蚊子的斗争千百年来从未停息过。

在与蚊子的斗争中，人类也有不少帮手——蚊子的天敌。蚊子的天敌很多，其一是蜻蜓。一只蜻蜓一小时可以捕捉 840 只蚊子，是动物灭蚊最高纪录的保持者。其二是蝙蝠。一只蝙蝠在一个晚上能吃掉 3000 只左右的蚊子。其三是壁虎。壁虎在夜晚贴在墙上，藏在屋檐下，吃起蚊子来既准又狠。一只壁虎在一个晚上可以吃掉上百只蚊子。其四是燕子。燕子在空中飞行时，能吞食大量的蚊子。此外还有鱼、青蛙等，它们也都是灭蚊的能手。

> **食蚊鱼**
>
> 食蚊鱼，也称"柳条鱼"。体侧扁，长 3~4 厘米，雄性较小，青灰色。头宽而平扁。口小。体被圆鳞。卵胎生。栖息水上层，以水生昆虫为食，善食孑孓。原产美洲；中国杭州、上海等郊区小河、池塘中已自然繁殖。可用以灭蚊。

灭蚊可采取化学灭蚊和生物灭蚊等方法。但化学灭蚊会造成环境污染。近些年来，蚊子对药物又产生了抗药性。所以，最好还是采取生物灭蚊。生物灭蚊是既不会污染环境，又省钱、省力，还十分有效的好办法。

生物灭蚊，除了利用它的天敌——蜻蜓、蝙蝠、壁虎、燕子、青蛙等外，还可以利用鱼类。

也许有人会问："蚊子在空中飞，鱼在水中游，养鱼怎么能灭蚊呢？"

原来，蚊子的生长可分为：卵→孑孓→蛹→成蚊四个阶段。前面三个阶段都是在水中生活，大约经过 7 至 14 天。这三个阶段一般叫做蚊子的水生阶段。此时的蚊子在水中生活比较集中，不像成蚊到处乱飞，便于鱼儿消灭。

有人提出："那么我们就养金鱼吧。既能欣赏，又能灭蚊，一举两得。"可是不行。你把金鱼放在适于孑孓孳生的臭水浜、沟和污水里时，金鱼就死了。

那么就养鲫鱼吧——又能灭蚊，长大了还能当副食品食用。那也不行。因为鲫鱼身体比较大，在浅水不能自由游动，也不能起到消灭蚊子的作用。

于是人们想到了泥鳅——不管水大水小还是离开水都能活，又不怕脏水、臭水。但是泥鳅的卵必须粘在水草上才能孵化，因此繁殖很慢。大家都知道，蚊子一次要产卵 200 粒，其中 100 粒是雌的。从春天到秋天，一对蚊子要产卵 78 次，能繁殖 100^7，所得的积是 1 后面加上 14 个 0。泥鳅繁殖慢，不能起到控制蚊子的作用。

人们通过实验证明，灭蚊小鱼如斗鱼、罗汉鱼、泥鳅、柳条鱼中，柳条鱼是最理想的食蚊鱼类。

柳条鱼又叫食蚊鱼、蚊鱼，是鳉鱼的一种，它的老家在美洲。它有四个显著的特点，即鱼身小、适应性强、繁殖快，特别是它能吞食大量蚊子的幼虫。

柳条鱼一般雌鱼身长3～5厘米，雄鱼身长2～3厘米。由于鱼身小，活动敏捷，能在浅水沟浜和幼蚊生长的环境里生活，能穿草吞食幼蚊，即使在一个脚印大的水潭里也能活动。因为鱼身小，没有食用价值，所以鱼群比较稳定。

柳条鱼与蚊子的生活环境基本相同。它能在不同水温的水体里生存，冬天能钻进污泥中过冬，即使在只含有少量盐分和人粪便的水中也能活着。

柳条鱼不是卵生，而是胎生。它的卵不是在体外受精，而是在体内受精后，在体内孵化成小鱼。所以一生出来就是一尾尾小鱼。柳条鱼一胎能生小鱼 20 ～ 30 尾。按每胎平均生养小鱼 30 尾计，一年就能繁殖小鱼 30^5，而且大多数能够存活下来。小鱼

▲ 柳条鱼

出生约40天后就能生养小鱼，每隔一个月就能繁殖一胎。

柳条鱼不但能吞食大量的孑孓，还能吞食卵块、蛹和停在水面上的成蚊。据测定，在20℃左右的水温中，柳条鱼24小时能吞食40～100条孑孓。平均每条柳条鱼一昼夜能吞食70条孑孓。

为什么柳条鱼能吞食大量蚊子幼虫呢？原来，柳条鱼没有胃，它的肠子很短，有边吞食边排出的现象。柳条鱼下腭长，上腭短，嘴巴像畚箕，因此吞食浮在水面的孑孓十分方便。据观察，从吞食到排泄出去的时间一般为10分钟左右。说明它的消化力很强。

鱼鳔不仅主沉浮

我们经常看到市场上有些黄鱼（黄花鱼）的胃翻出口外，这是怎么回事呢？

要想讲清这个问题，就得先从鱼鳔谈起。鱼鳔就是剖开鱼腹后在肠胃上方看到的那个大气泡。一般来说，鳔是调整鱼体比重、控制鱼体停留在某一水层的器官。水随深度的增加，压力增大，水的浮力也加大。鱼类在深层如果和表层的比重一样，那么它将不能使自己的身体维持在深层，必然会被深水层增大了的浮力给浮上来。那么鱼类是怎样下潜到深水层的呢？原来，当鱼类下潜时，会压缩鱼鳔，使自身体积变小，比重相对增加，当鱼体停留在某一水层时，为不致鱼体继续下潜，鳔需要吸进一些气体。当鱼体由深层上升时，水的压力减小，鳔内气体膨胀，体积增大，比重减轻，鱼儿如要停留在某一水层，为防止继续上升，鳔内需要排除一些气体。由于黄鱼是生活在近底层的鱼类，当进网的黄鱼由深层被拖往表层时（起网），因水深变化很快，鱼鳔来不及排气，鳔内气体的压力大大超出表层水和空气中的压力，鳔于是就把体腔中的胃挤出口外了。常年在海上生产的渔民们都有这样的体会，捕黄鱼的季节里，当满网金灿灿的黄鱼出水时，会漂浮在水面上，甚至人站在网上也不会沉入水下。这就是鱼体内鳔膨胀后比重变小，在水中得到的浮力增大的缘故。

从上述例子中不难看出，鳔调节鱼体升降是一个较为缓慢的过程，如果鱼类需要很快地上升或下降，鳔不仅失去了调节升降的作用，反而会给鱼的行动带来不便。池塘中或鱼缸中养的鱼当受惊时也可迅速上升或下潜，为什么它们不受鳔的影响？这个问题也不难回答。池塘中的水超过2米的并不多，这还不够30米深的近岸浅海的1/10，只相当于海中的表层水。因此，池塘中的鱼在升降时，压力的改变并不大，它们是可以忍受的。更何况淡水的比重要比海水小得多，受到的压力和得到的浮力也小得多。

鱼有鳃，可以在水中呼吸；鱼有鳔，可以在水中自由地沉浮。可是，有人说生活在水中的鱼也会溺死，这是真的吗？虽然这听起来很荒谬，但却是事实。

鱼鳔是鱼游泳时的"救生圈"，它可以通过吸气和放气来调节鱼体的比重。这样，鱼在游动时只需要最轻微的肌肉活动，便能在水中保持不沉不浮的稳定状态。不过，当鱼下沉到一定水深（即临界深度）后，外界巨大的压力会使它无法再调节鳔的体积。这时，它受到的浮力小于自身的重力，于是就不由自主地向水底沉去，再也浮不起来了，并最终因无法呼吸而溺死。虽然鱼还可以通过摆鳍和尾往上浮，但是如果沉得太深的话,这样做也无济于事了。

而生活在深海的鱼类,由于它们的骨骼能承受很大的压力,所以它们可以在深水中自由地生活。如果把生活在深海中的鱼快速弄到"临界深度"以上,由于它身体内部的压力无法与

▲ 多鳍鱼

外界较小的压力达到平衡,因此就会不断地"膨胀",直至浮到水面上。有时,它甚至会"炸裂"而死。

鱼类死后为什么大多是腹部向上的?这也和鱼鳔有关系。

我们知道,鱼活着的时候,在水中能维持一定的位置,既不浮在水面,也不沉到水底。原来,在大多数鱼的身体内,有一种调节身体比重的器官——鳔。它可以在不同的深度放气或吸气,来调节身体的比重,使它和周围的水的比重一样。在这种情况之下,鱼可以毫不费力地停留在水的各层。

然而,鱼死了以后,全身失去了调节能力,鳔也就吸满了气体,身体比重减轻。鱼类背部大多是脊椎骨和肌肉较多的地方,比重较大;而腹部多为各种内部器官(如消化、泄殖系统等),空腔比较大,比重也就小了。所以,鱼类死了以后,比重小的腹部大多是向上的。

当然,还有些没有鳔的鱼类,例如鲛鱼、鳐鱼、比目鱼等。它们的身体比水重,如果要停留在水的某一深度,必须靠鳍不断地运动,克服身体向下沉的趋势。这些鱼死后都是沉到水底的。

《《 你知道吗 》》

生活在深海、急流中营底栖生活,或游速特快的鱼类,鳔对它们的生活已失去了作用。如游速很快的鲨鱼、鲐鱼、金枪鱼等就没有鳔。

总之,由于鱼鳔原始功能的退化,演变出了许多其他的功能。生物的许多器官也和鱼鳔一样,所使用的并非原始的功能。由此可见,鱼也是在不断进化的。

鱼鳞的科学

鱼为什么有鱼鳞

对大部分鱼类来说，除头和鳍外，全身盖满鳞片。这就为有鳞鱼提供了一个防御层，有助于抵御疾病和感染。

> **鱼　鳞**
>
> 鱼鳞是鱼体表面由皮肤衍生的覆盖物，具有保护躯体的作用。有盾鳞、硬鳞、骨鳞等。

鳞片也有外骨骼作用，有助于维持体型。鳞片还有一种伪装的作用。鱼腹上的鳞片能反射和折射光线，对水下猎鱼者来说，当它向上看它的狩猎对象时，那闪光的白色腹部，使狩猎者难以同发亮的镜子般的水面、天空区分开来。也有人认为鳞片能降低水的阻力。但有些科学家却认为，大鳞片使鱼的身体不太灵活，有碍运动。因为游得快的鱼是那些有小鳞片的鱼，甚至是没有鳞片的鱼。例如，有几种游得很快的金枪鱼，它的前端覆盖着鳞片，但在尾部附近几乎没有鳞片，而那些部位是最为灵活的。

鳞片引起了鱼类学家的浓厚兴趣。鱼类学家可以根据鱼鳞鉴别出鱼的种类。鱼鳞还有像树干那样的年轮，每一个年轮与一次过冬相对应。这可能是由于低温和食物供应减少，造成鱼类生长缓慢的缘故。鱼类学家除了以此测定一条鱼的年龄以外，还能计算出其平均生长速度和平均死亡率，从而推知鱼类群体的健康状况。

闪闪发光的鱼鳞

你一定见过美丽的金鱼或色彩缤纷的热带鱼，它们在水中翩翩起舞，游动不息，浑身的鳞片闪烁着宝石似的光芒。

鱼类学家们研究后发现：在鱼类的皮肤里，在真皮内和鳞片上下，分布着色素细胞。黑色素细胞含

▲ 热带鱼

灰黑色的色素，使鱼的体色呈现青黑。许多有着鲜艳体色和斑纹的鱼类，具有红色素和黄色素细胞。但是光有色素细胞，是不能使鱼体呈现出灿烂色彩的。鱼类的皮肤里，还有另外一种细胞，叫做光彩细胞。这种细胞里含有鸟粪素。鸟粪素为无色或白色的结晶体，它们堆积在细胞里，当光线照射到鱼体，通过细胞内鸟粪素结晶的反射和干涉，映现在我们的眼里时，便成为亮银般的闪光。所以，鳞片的熠熠闪光，主要是光彩细胞的作用。

色素细胞和光彩细胞的数量与分布，因鱼的种类不同而有所不同。一般情况下，黑色素细胞多集中在鱼体上部，光彩细胞在鱼体下部。如青鱼背面为深灰，两侧渐浅，而腹部银白。这就是自背部至腹部，黑色素细胞由多而少，而光彩细胞却逐渐增多的缘故。又因为光彩细胞有时分布在鳞片上面，有时在下面，反光率不同，因此有些鱼类的腹部很光亮，而有些则略显苍白。此外，色素细胞和光彩细胞内的色素颗粒和鸟粪素晶体，常因外界环境的影响或内部生理机能的变化而有集中或扩散、增多或减少的现象，从而导致体色有所改变。例如许多雄鱼，在性成熟的季节，表现为光彩夺目的婚姻色；病弱的鱼体色则暗淡无光。

鱼鳞与年龄

鱼有大小，要想知道鱼的年龄，并不是件难事，只要从鱼身上剥一鳞片，仔细看看，就一目了然了。

为什么看鱼鳞就能知道鱼的年龄呢？鱼类学家告诉我们，鱼在生命开始的第一年，全身就长满了鳞片。鳞片由许多大小不同的薄片构成，好像一个截去了尖顶的不太规则的短圆锥一样，中间厚，边上薄，最上面一层最小，但是最老；最下面一层最大，但是最年轻。鳞片生长时，在它表层上有新的薄片生成，随着鱼龄的增长，薄片数目也不断增加。

一年四季中，鱼的生长速度不同。通常，春夏生长快，秋季生长慢，冬天则停止生长。第二年春天又重新恢复。鳞片也是这样，春夏生成的部分较宽阔，秋季生成的部分较狭窄，冬天则停止生长。宽窄不同的薄片有次序地叠在一起，围绕着中心一个接一个，形成许多环带，叫做"生长年带"。年带的数目正好和鱼所经历的年数相符合。

春夏生成的宽阔薄片排列稀疏，秋季生成的狭窄薄片排列紧密，两者之间有个明显界限，是第一年生长带和第二年生长带的分界线，叫做"年轮"。年轮多的鱼，年龄大；年轮少的鱼，年龄小。

所以，看鱼鳞，根据年轮的多少，就能够推算出鱼的准确年龄来。

鱼皮为啥又腥又黏

鱼类的皮肤由表皮和真皮组成。

通常，鱼的表皮很薄，由数层上皮细胞和生发层组成。表皮中富有单细胞的黏液腺，能不断分泌黏滑的液体，使体表形成黏液层，从而润滑和保护鱼体。一般来说，黏液层的存在可以减少鱼皮肤的摩擦阻力，提高鱼的运动能力，清除附着在鱼体的细菌和污物等。同时，体表滑溜的鱼更容易逃脱敌害的攻击。所以，表皮对鱼类的生活及生存有着重要的意义。

一般来讲，表皮下是真皮层。真皮内部除分布有丰富的血管、神经、皮肤感受器和结缔组织外，真皮深层和鳞片中还有色素细胞、光彩细胞以及脂肪细胞。

其中，色素细胞有黑、黄、红三种。黑色素细胞和黄色素细胞存在于普通鱼类的皮肤中，红色素细胞则多见于热带奇异的鱼类皮肤中。光彩细胞中不含色素而含有鸟粪素的晶体，这种晶体有强烈的反光性，能使鱼类显示出银白色闪光。此外，有些生活在海洋深处或昏暗水层的鱼类，具有另一种皮肤衍生物——发光器腺细胞。它能分泌富含磷的物质，氧化后发出荧光，以诱捕趋光性生物，或作同种和异性间的联系信号。如深海蛇鲻、龙头鱼和角鮟鱇等，即属此类。

通常，在鱼类的表皮与真皮之间或者真皮中有很多鳞片，这就是鱼鳞。鱼鳞是鱼类特有的皮肤衍生物，由钙质组成，被覆在鱼类体表全身或部分（一定部位），能保护鱼体免受机械损伤和外界不利因素的刺激，故有"外骨骼"之称。这也是鱼类的主要特征之一。

当用手捞鱼时，总是感到鱼身上非常黏滑，极难捉住。许多人会认为，鱼生活在水里，满身是水，当然感觉发滑，并不足以为奇。实际上，鱼身体发滑的原因是由于包在鱼身体最外面一层的光滑表皮上生有黏腺，从黏腺里经常分泌出一种黏滑的液体，才使它全身黏滑。所以用手捞鱼的时候，就感到它身上黏滑无比。

鱼身体表皮上的黏腺所分泌的黏液，对鱼的身体来说，有着重要的保护作用。它能够减低四周水的压力，便于它在水中游来浮去。即使碰在坚硬的

鱼的呼吸

一般来说，大多数的鱼都是通过呼吸器官——鳃，以及依靠水中溶解的氧气来完成呼吸作用的。不过，也有一些鱼能利用空气中的氧进行呼吸，这就是人们常说的"气呼吸"。鱼类的气呼吸器官较多，主要有皮肤、口咽腔、消化管、鳃上器官、气囊和鳔等。

▲ 泥鳅

礁石上，也可以减少摩擦，不使身体受到创伤。鱼身上所生长的鳞片，就在这层表皮的下面，因而，黏液也起到了保护鱼鳞，使其不会轻易脱落的作用。此外，当鱼被水里的动物捉住时，由于全身黏滑，也可以借此脱险。

大家都知道，鳝鱼和泥鳅的身体上，似乎是没有鳞片的。而实际上，它们身上也都生有密密麻麻的鳞片，而且它们的鳞片都生长在能够分泌黏液的表皮下面。只是它们的鳞片特别小，不使用显微镜是无法观察到的。就因为它们身体上的鳞片太小，所以分泌出来的黏液就特别多，只有这样才能更好地保护它们的身体不受外来的伤害。由于这个缘故，它们的身体就显得特别黏滑。

鱼是一种极好的食品，不仅味道鲜美，而且营养丰富，易于人体消化。但是它们都带有一股难闻的腥味。腥味从何而来呢？为了解开这个谜，许多科学家对此进行了研究。经过多年的努力，现已初步得出结论。原来，腥味来自鱼肉蛋白质代谢和腐败时产生出的一种名为三甲胺的物质。三甲胺是鱼肉中液体的组成部分，很容易溶于水中。所以，用鲜鱼煮的汤往往比用鱼干煮的汤要腥得多。

鱼的腥味除了与鱼的品种、鱼的肥瘦程度及蛋白质的多寡有关，实际上还取决于三甲胺的含量。吃过鲨鱼肉的人都知道，其腥味比塘里养的鱼要大，道理就在于此。据测定，每 1 千克鲨鱼肉里含有 1.32 克三甲胺。而青、草、鲢、鳙四大家鱼，每千克鱼肉中三甲胺的含量在 0.5 克以下。

鱼肉虽有腥味，但并不是没有办法去掉。烹煮鱼的时候，只要放少量的酒、醋和生姜，就能除去腥味，这是因为酒有促使蛋白质凝固的作用。蛋白质不分解，就不会形成三甲胺。而且酒易挥发，能带走一部分三甲胺。醋是一种酸，可以与三甲胺发生化学反应生成盐，从而减少腥味。盐还能把部分三甲胺包围住，使之无法钻出来刺激人的嗅觉。至于生姜，它是醇和酮的合成体，而这两种物质都是消除腥味的有力武器。因此，若想鱼的味道好，没有酒、醋和生姜是不行的。

河鳗会爬墙

河鳗是一种肉味鲜嫩，深受人们喜爱的经济鱼类，我国已开始人工养殖。这种形状酷似蛇的鱼类，常常会离开水到陆地上活动，甚至爬到陆地上来捕食昆虫和蜗牛。有时候，因为河鳗生活的池塘、河流水质变坏，它们也会纷纷离开，另觅水质清澈的"家园"。所以，河鳗还是水质污染程度的"监测员"。

更有趣的是，河鳗还能攀爬砖墙，犹如壁虎一样。它们的攀爬技巧十分高明，先是上升头部到两块墙砖之间的凹陷处作为支撑点，然后拽动尾巴触及另一个凹陷处，大约在数十分钟内，可爬 3 米多高。

俗话说："鱼儿离不开水。"河鳗怎么能离开水生活呢？原来，河鳗身上的片鳞早已退化，皮肤特别薄，且布满微血管，血液中的气体与外界气体的交换在皮肤表面进行，这叫做"皮肤呼吸"。当它们返回水里后，又可恢复用鳃呼吸。

河鳗，也叫鳗鲡、白鳗、蛇鱼等，属于洄游性鱼类。每年春季，幼鳗成群从海域游入江、河口，雄鳗在河口成长，雌鳗逆水上游到江、河的干流和与河流相通的湖泊中，在江河和湖泊中肥育。到了秋季，成熟的雌鳗又大批游到河口，会同雄鳗一起游到海洋里繁殖。

河鳗的蛋白质和脂肪含量高达 26.7% 和 30.8%，维生素 A 的含量也很丰富。它对防治夜盲、肺结核、肺炎等有一定功效。妇女产后食河鳗，更有利于恢复体质。正因为它肉肥、味美、营养丰富，被人们称为"水中人参"；鳗鱼出口价值高，又被称为"水中黄金"。

鳗鱼皮柔如鹅绒，韧胜牛皮。韩国人用它制成鞋子、钱包、挺直的大衣和雅致的公文包。这种像缎子一样的皮革，正迅速成为供给世界各地的时髦品。

韩国最大的鳗鱼皮生产者——世一物产公司的总经理说："请摸摸看，世界上再也没有比它更好的了。它甚至比用犊皮鞣制成的革制品还要柔软。"

这些 50 厘米长的粉红色鳗鱼实际上被叫做"墨长鱼"，或者叫"黑鳗"。这些鱼没有眼睛，身上分泌出一种黏糊糊的物质，作为自卫手段。

当地的家庭妇女把挣扎着的鳗鱼的头钉在木板上，

> ## 《 鳗鲡 》
>
> 鳗鲡，简称"鳗"，也叫"白鳝"。体长，呈圆筒形，长达 60 余厘米。背侧灰质褐色，下方白色。背鳍和臀鳍相连，无腹鳍。鳞细小，埋没于皮肤下。亲鱼于秋季入深海产卵，幼鱼经变态后，进入淡水中成长。分布于中国以及朝鲜半岛和日本。肉质细嫩，富含脂肪，为上等食用鱼类之一。可养殖。

然后沿着它们的腹部浅浅地割一条缝，把皮剥下来时那些鳗鱼仍在蠕动。

这位总经理说："必须趁鳗鱼活着的时候把皮剥下来。如果它死了，皮会变硬，就不能用了。"

这位总经理不愿意透露鞣制和着色的详细过程，因为"这项工艺只有韩国知道，我们不愿意泄密"。

他说，在11月至第二年6月的旺季里，为剥取

▲ 鳗鲡

这种极薄的皮，每月要杀掉大约300万条黏糊糊的鳗鱼。夏天时差不多全部停止生产，因为鱼皮会因天热而损坏。

鳗鱼是肉食性鱼类。自然水域里的鳗鱼主要吃食浮游甲壳类、小虾、小蟹、水生昆虫、螺、蚬、蚯蚓等，也吃小鱼和高等植物碎屑。在人工饲养条件下，主要投喂各种动物性饲料，比如禽畜内脏、蚕蛹、螺贝肉、混合饲料等。鳗鱼生长的适宜温度是20℃～28℃，高于或低于这个水温它就停止摄食或进行冬眠。目前饲养的鳗鱼苗都是天然苗。

河鳗是一种江海洄游性鱼类。它在淡水中生长，亲鱼却降海产卵、孵化。每年春节前后，鳗苗经台湾海峡洄游到粤东沿海，进入韩江、溶江等淡水水域栖息生长。鳗鱼苗白天游入水底，夜间频繁活动，具有趋光习性，可在夜间用张网、撒网、手网或灯光诱捕等办法进行捕捞。此时鳗苗娇嫩，呈银白色，细似粉丝，所以叫"白骨苗"，每千克均有5000尾左右。这时将其放入水泥池中养殖，每亩一米水深，养8～10万尾。经两个月的饲养，鳗苗长到每千克1000尾规格时，体表黑色素增加，叫做"黑仔苗"。此时应再分开饲养，每亩放养2万尾左右。再经50～60天饲养，鳗苗长到每千克100尾时，叫做"细格"，又要分开饲养，每亩放养5000尾左右。经一个月的饲养，鳗苗长到每千克50尾规格时，叫做"粗格"，就可以进入成鳗塘放养，每亩养2000～2500尾。再经两个月的饲养，每千克有4～5尾时，即达到上市规格，供应国内外市场需要。

鳗鱼由幼苗到上市，生长周期约为7～8个月，是一种生长快、周期短、收益大、经济价值和食用价值较高的淡水养殖鱼类。

颇有神通的鱼

高射炮鱼

"蜮"，古代传说为一种含沙射影的动物。也叫"短狐"，又叫"射工"。形状像鳖，三足，俗称水弩。它嘴里有种像弩的东西，听到人声就吸水喷射。射中人身就会生疮。唐朝著名诗人白居易《读史》："含沙射人影，虽病人不知。巧言构人罪，至死人不疑。"后用"含沙射影"比喻暗地里诽谤陷害别人的一种阴谋行为。白居易诗中的"含沙"二字，大概是那浅水之中必然会含有些细小泥沙的缘故吧。至于这射工能够以影射害人，就带有很浓的神话色彩了。世界上是否真有这样的动物呢？

在泰国的一些河流里，有一种类似这样能"射"的鱼。不过，它不含沙，也不射影，更不会害人，而是含水射食。这种鱼叫射水鱼。

射水鱼具有用一束水打落下正在水面飞行的昆虫的高超技能。同时，它还具有极佳的视力。这个身上长着花斑纹的家伙发明了一种最厉害的寻食之道：射水。射水鱼的嘴要比一般的鱼长，口腔内有独特喷水管道的生理结构，使它的嘴能够瞬间射出"水箭"，击中水面上飞过的昆虫、趴在水草上的寄生虫等，将它们打落水中，成为其囊中之物。这种绝技在水族世界中可是绝无仅有的。

别看射水鱼长到成鱼时体长只有 25 厘米左右，它喷出的水柱却可达 1.5 米之高，故又称"高射炮鱼"。射水鱼还有跳出水面作战的绝技。如果"水箭"没射中目标，射水鱼不会善罢甘休，它会在猎物毫无知觉的情形下跃出水面，将其卷入腹中。它跳出水面的高度竟能达到 30 厘米呢！

会捉老鼠的鲇鱼

人们经常听到的是老鼠会偷鱼吃，而鱼能捉老鼠却鲜为人知。然而，在自然界中确实有会捉老鼠的鱼，这就是我们日常见到的鲇鱼。

鲇鱼，产于我国南部沿海各地，栖息于近海港湾泥沙处。夏季在海湾岩礁的深穴处产卵，繁殖后代。它白天懒洋洋地浮在水面上喘息，夜间出来活动觅食。

鲇鱼有一套捕捉老鼠的本领。它白天养精蓄锐，晚上游到浅滩上，将尾巴露出水面并搁置于岸边，装

《 鲇 鱼 》

普拉布克大鲇鱼是一生都在淡水或稍含盐分水中生活的鱼类中最大的品种。这种数量稀少的鱼原产于湄公河，现主要分布于中国、老挝、柬埔寨和泰国。据报道，在泰国班米诺伊河中捕获的一条这种鱼，体长 3 米，重 242 千克。

▲ 鲶鱼

作一条死鱼，等待老鼠上钩。黑夜出来觅食的老鼠闻到一阵阵腥味，已经垂涎三尺。开始时，老鼠还是保持着警惕，不敢贸然行事，但是当它发现鲇鱼是"死"的以后，贪食成性的老鼠就完全丧失了警惕。它满以为可以美餐一顿，谁知正当老鼠咬着鲇鱼尾巴想把它拉上岸时，装死的鲇鱼便使出全身力气，将它的长而有力的尾巴一摆，老鼠就被拖到水里了。虽然老鼠也懂得一点水性，可是在水里它怎能比得上鲇鱼呢？鲇鱼就紧紧咬着老鼠的脚，一会儿沉到水下，一会儿浮上水面，连续几个回合以后，老鼠被淹死了，也就成了鲇鱼一顿丰美的夜餐。

鲇鱼是很凶猛的鱼类，它不但会捕食老鼠，而且也吞食大量鱼类。一条体重几十千克的鲇鱼，一天要吞食几千克鱼类。它虽是一种经济鱼类，有一定的经济价值，但对水产养殖业具有破坏性。

"站"着游的鱼

我国南海有一种鱼，叫甲香鱼。平时，它头朝上，尾向下，挺着肚子，就像站着走路那样在水里游动。它的姿态优美别致，独具一格。

甲香鱼的个体较小，只有一二十厘米，外形像一把刀，全身披甲，只露出游动用的工具——鳍根。根据它的外貌及其特征，甲香鱼又叫"披甲鱼"、"剃刀鱼"或"小虾鱼"。这种鱼肉薄，加上一身硬甲，所以不能吃，经济价值也不高。可是它具有与众不同的游泳本领，因此在教学和科学研究上都被列为鱼类特殊运动的典型代表，各种鱼类学书籍都有它的"标准像"。

神秘的鱼

鱼中霸王

在南美洲，有一种体长仅30厘米的小鱼——培拉鱼，人们谈起它却为之色变。1914年，美国总统西奥多·罗斯福在一次讲话中提到，在巴西有个人骑驴蹚水过河，因遭到"狼鱼"的袭击，竟被吃得只剩一堆白骨。

培拉鱼，也叫"狼鱼"、"虎鱼"。它是鱼中霸王，生长在南美洲的河、湖里，属银元鱼类，体长不过30厘米，体扁平，背蓝腹红，中间呈银色，长有一对赤红色的凶狠眼睛，大嘴巴，凸嘴唇，上下两排呈三角形的牙齿，比钢刀还锋利，宛如切肉机一般。

培拉鱼以能吃人和大动物而得名。据报道，1976年12月，在距曼诺斯城东190千米的一条河上，一辆公共汽车过摆渡时不幸掉入河中，当救护人员在9小时以后赶到现场打捞尸体时，却只找到38具骨架，肉全被培拉鱼吃光了。倘若牛在湖边喝水时遇到培拉鱼，奶头、尾尖等会被它咬去。培拉鱼敢于进犯别人，主要是凭借它成群结队的行动。

培拉鱼的视觉、嗅觉和听觉都很敏锐，哪怕洒在水里的一点血腥味，也会将它成群地引来。它一旦发现猎物，就会立即发起攻击，用刀子一般的牙齿拼命地撕咬，最后丢下一堆白骨。它们吃食的速度快得惊人。据说，一头陷入困境的牛，只需半个小时，就会被它们吃得精光。因此，当地的人常把培拉鱼与陆地的雄狮、猛虎和饿狼，以及水中的鲨鱼、鳄鱼相提并论。其实，这一点也不过分。

培拉鱼也有利用价值

培拉鱼的肉鲜嫩可口，是当地人的佐膳佳肴；颌骨可用来做剪刀，能剪断藤条和皮革；鱼牙被涂上毒液，就成了最锋利的毒箭头。

看不到雄鱼的琵琶鱼

在南太平洋周围的深海里，活跃着一种名叫"琵琶鱼"的小鱼。每当人们捕获这种小鱼时都会惊奇地发现：每次捕到的琵琶鱼都是雌鱼，竟没有一条是雄性的。那么，那些雄鱼都到哪儿去了呢？是不是琵琶鱼都是雌性的？它们又是怎样繁殖后代的？

其实，琵琶鱼也有雄鱼，而且就藏在雌鱼体内。只要你细心察看就会发现，在每条雌鱼的体侧都有一团隆起的小肉块，不知底细的人还以为它长瘤了呢！其实在每个肉块里面，就包嵌着一条雄鱼，它们就是这样奇异地并体生存着。

琵琶鱼的雄鱼是怎样"钻"进雌鱼体内而变成小肉块的呢？原来，当成熟的雌鱼排出的卵刚孵化成小鱼时，小雄鱼便开始为自己寻找配偶。由于它们生活在漆黑的深海，因此，大自然母亲就赋予小雄鱼一双非常敏锐的眼睛，又赋予小雌鱼一种能在黑暗中发出微弱光亮的特殊本领。另外，小雌鱼还会发出一种特殊的香味。在茫茫的深海中，小雄鱼就是靠雌鱼发出的这种"信号"——光亮和香味而找到雌鱼的。雄鱼找到雌鱼后，它立即用牙齿咬嵌入雌体的一侧，使自己紧紧依附在雌鱼身上，从此结成永不分离的终身伴侣。此后，雄鱼就寄生在雌鱼身上，直接从雌鱼体上吸取自己所需的营养而生存下去。在这个过程中，雄鱼大部分器官的功能逐渐衰退，直至停止，而只有生殖腺不停地发育，一直到成熟。随着雌鱼的不断长大，雄鱼也逐渐被雌鱼长出的肌肉包嵌起来，最后成为雌鱼体侧的一个不易处理的肉瘤。要是小雄鱼在几个月内都无法找到"对象"的话，它就会孤单地死去。

由于琵琶鱼终年生活在一团漆黑、不见阳光的深海里，生存的需要促使琵琶鱼形成了自己独特的、在动物世界中罕见的繁殖方式。

带"锯"的鱼

▲ 锯鳐

在我国的南海，有一种奇特的鱼，叫锯鳐。它的头上长有一块又长又扁、像"锯刀"那样的东西，"锯刀"上的齿足有几厘米长。锯鳐游动起来如同凶神恶煞一般，大小动物一见到它就会躲起来。

锯鳐的锯是它捕食的工具，也是它对付天敌的武器。它用锯翻掘海底，觅找小动物充饥。有时候锯鳐也会突然冲入鱼群，用锯左右开弓，把鱼杀伤以后饱食一顿。因此，锯鳐是海洋渔业中的一害。

锯鳐是一种卵胎生动物，一次能生十几条小锯鳐。有趣的是，小锯鳐在母亲身体里很老实，不会伤害胎盘，原来它的锯被一层薄膜包裹着。小锯鳐出生以后，薄膜才脱落，它那锋利的锯齿方显露出"庐山真面目"。

好斗凶恶的鱼

斗　鱼

斗鱼生长在东南亚一带的淡水河中。这是一种极为活跃的小鱼，有手指那么长，有的还要长一些。它的身体扁平，长度为头的三倍多。有些鱼的鳍像炸弹上的尾翼，有些鱼的鳍却很像燕子的翅膀。有一种斗鱼叫做"马克洛保杜斯"，它的尾巴像蛋一般；台湾斗鱼的尾巴像鲨鱼的尾巴，长长的并且带有别致的切口。雄鱼照例要比雌鱼大一些。

马克洛保杜斯能栖息在脏水里，还能忍受水温的急剧变化——从热到冷。因此，它们能很好地在鱼缸和水潭里生活和繁殖。斗鱼什么东西都吃——河泥、浮游生物、草、人所吃剩的食物。但是，它们特别爱吃活动的水栖昆虫。

> **《　斗　鱼　》**
>
> 斗鱼体侧扁，呈长方形，长约 6 ～ 7 厘米。吻短，口小，眼大。鳃上附呼吸器。体被栉鳞。能栖息池沼、沟渠的污水中，捕食孑孓。雄鱼善斗，为著名观赏鱼类。中国有圆尾斗鱼，分布于各地；歧尾斗鱼，分布于华南和福建南部。

别看斗鱼斗起架来勇猛异常，但它们可不是完全的"冷血动物"，它们也有自己温情脉脉的短暂的"罗曼史"。每年 3 ～ 4 月间，春姑娘搅动了一江春水，水中的雌雄斗鱼游来游去，到处寻觅自己的"意中人"。那多情的雌鱼一旦碰上外表俊美的雄鱼，立即就会被那美丽的"婚姻装"所迷惑、陶醉，赶快把张开的鳍收拢起来，身上便自然地显露出灰色的斑纹，既像是在显示自己是个正值芳龄的"窈窕淑女"，又似乎在向雄鱼表达自己由衷的爱慕。雄鱼呢，也大

▲ 斗鱼

有相见恨晚之势。它们四目相对，情意绵绵。然后双双骈游到巢边，翩翩起舞，举行个简单的"婚仪"。随后，雌鱼翻仰向上，雄鱼也转身相就。雌雄同时放卵、排精，配合和谐、默契，俨然是对恩爱无比的夫妻。但当受精卵开始下沉时，雄鱼即刻赶走雌鱼，只把那"爱情的结晶"含在嘴中，放入巢内。雄鱼既当爹，又做娘，独守"闺房"，仿佛是弥补赶走小斗鱼妈妈的过失。而当小斗鱼长大以后，父亲们的美丽和好斗又自然地被它们继承了下来。

渐渐地，斗鱼以乖巧的体态和活泼、好斗的性格赢得了人们的喜爱，成为类似金鱼般的家庭观赏鱼类。

嗜肉的皮拉伊鱼

在南美大陆北部紧靠着大西洋有一个风景秀丽的国家——圭亚那合作共和国。圭亚那是印第安语"多水之乡"的意思，因为那里河流非常多。其中有一条德梅腊腊河流经圭亚那西北部，河面极为宽阔。可是奇怪的是，从来没有看见有人在这条河里游泳。原来，这条河里有一种吃肉的名叫皮拉伊的鱼，西班牙语称"皮拉纳鱼"。这种鱼在委内瑞拉和巴西等国也有。

这是一种银灰色的小鱼，身长仅约 15 厘米，但生性凶暴残忍，酷爱食肉。它长有两排锯子般的牙齿，极为犀利。据说，即使是头黄牛，只要十几分钟就能被皮拉伊鱼吃得只剩一副残骨。德梅腊腊河从前没有桥，当地农民把牛群赶到河对岸的市场出售，都是挑一个河面较窄、河水较浅的地段，先将一条老病牛砍上几刀赶进水中。当皮拉伊鱼闻到血腥味时，就会蜂拥而上，围着老病牛狼吞虎咽起来。这时农民就抓紧时间，赶忙在老病牛上游一百多米的地方赶牛群过河。

近年来，由于德梅腊腊河下游铝土工业以及其他工业日益发展，河上交通运输昼夜繁忙，加上河岸两旁经常开山炸石，皮拉伊鱼被迫迁居到了上游。尽管如此，渔民们在谈起皮拉伊鱼时依然谈鱼色变。有一次，一位科学家和一些渔民聊天时，科学家问他们现在是否敢在德梅腊腊河中游泳。一位老渔民举起他少了一小半指头的手，心有余悸地说，这截小指头是他小时候坐在小船里，把手伸在水中玩水时被皮拉伊鱼咬掉的。另外几位渔民则是双肩一耸，两手一摊，脑袋一歪，做个鬼脸，表示无此胆量。

缘木求鱼

我国有句"缘木求鱼"的成语，意思是说，爬到树上去找鱼，是件徒劳的事。俗话说"鱼儿离不开水"嘛！殊不知，在丰富多彩的自然界里，还真能找到爬在树上的鱼。

柬埔寨不仅是一个渔产丰富的国家，而且真的能在树上捕捉到活鱼呢！当然，这种怪现象的形成，也全是因为洞里萨湖的缘故。

原来，在洞里萨湖的周围，长着大面积的两栖森林，即使长期泡在水里，也不会被河淹死。当雨季到来时，湖面迅速扩大，所有两栖森林几乎全部被淹，有的连树梢也全没入水中。茂密的"水下森林"，成为鱼虾滋生和繁殖的好地方，树叶、树果和树上的各种小虫，为鱼虾提供了丰富的营养。因此，洞里萨湖成了柬埔寨的天然鱼库。在这里，鱼虾繁殖之快，产量之大，是世界上少有的。可以说，只要有水的地方，就有活的鱼虾。据说，附近农民头天晚上在湖边挖个小坑，灌满了水，第二天早晨就可以从里面捉到不少鱼，甚至还可以捉到大鱼。

> ## 洞里萨湖
>
> 洞里萨湖，也叫金边湖，是中南半岛最大的淡水湖，在柬埔寨西部。枯水期湖水经洞里萨河注入湄公河，湖面约2500平方千米，水深不到 2米。雨季湄公河涨水时，河水倒灌入湖，湖面增加到10000平方千米，水深达 10米以上。

洞里萨湖的鱼虾也有自己的生活规律，它们在雨季到这里来是为了交配、产卵、繁殖后代。经过半年的湖中生活，它们的第二代都已长成。因旱季湖水变浅，它们就要成群地随着倒流的洞里萨湖进入湄公河和巴萨河。这时，便是柬埔寨渔民的捕捞季节，各地捕鱼队由此开始繁忙的作业。

但是，在这个时候，更令人感兴趣的是树上捕鱼。这是因为有些鱼在"水下森林"的树洞里生活，在那里养儿育女。当湖水因旱季而急剧下降时，它们往往来不及随着湖水游向湖心，而仍旧待在那里。说也奇怪，只要树洞里还有一点水，这些鱼虾就可以继续活下去。所以，在湖水刚降下去的头几天，人们就可以爬到树上去捕捉活鱼了。

无独有偶。生活在非洲、亚洲和澳大利亚热带地区的弹涂鱼，也是这样一种鱼。

弹涂鱼为了寻找小的甲壳动物和昆虫类食物，常常集结成群，离水登陆，在泥滩上爬行跳跃，活泼得像猴子，人们干脆给它起了个绰号——"泥猴"。

弹涂鱼主要是依靠胸鳍来运动的。它的胸鳍很长，基部肌肉相当发达，有点像人的两只胳膊。走起路来，有时比人还要快。它利用有力的胸鳍抓住树干，不慌不忙地攀援而上。你如有缘木求鱼的兴趣，说不定还能找到好几条呢！

弹涂鱼有一双大而突出的圆眼睛，前后左右，顾盼自如，一切景物尽收眼底。在潮水高涨时，常爬到矮树上，一旦受到惊扰，便立即跳入水中，疾游而去。海水退潮后，它便在泥滩或露出水面的树木上捕捉食物，又爬又跳，极为活跃。

弹涂鱼之所以能离水登陆，是因为它不仅有鳃，同时还有虽不是

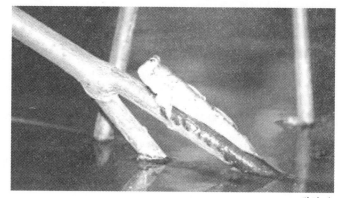

▲ 弹涂鱼

呼吸器官，但兼具呼吸作用的辅助呼吸器官，而且还不止一处。它的皮肤内有较多的血管，可直接与外界进行气体交换。离开水后，在鳃前的喉部仍然保持相当分量的水，也可模仿呼吸使用。最有趣的是，它的尾鳍也有呼吸的功能。所以在海边看到弹涂鱼时，常见它身体的大部分露出水面，而将尾鳍留在水中。你看，弹涂鱼一身怀有这么多的"绝技"，难怪它有这等高超的本领呢！

除了在树上捕鱼外，有的地方居民还在陆上捕鱼呢！

我们知道，地球上最大的海洋涨潮是在北美洲的大西洋海岸发生的。

这里，在新苏格兰半岛与大陆之间有一条狭长的海湾。在海湾的入口处，涨潮的时候，海水会涨到 25 米高，退潮的时候（每昼夜退潮两次），海水从狭长的海湾内完全退尽，海湾变成了一个干涸的溪谷。当然涨潮也是两次，在涨潮的时候海水又重新灌进来。

当地居民利用这种特殊的地理条件，采用了或许是世界上最为独特的方法来捕鱼。

他们把高高的桩子打入海湾溪谷的底部，在桩子上张上了网。涨潮的时候，海水就带来了礼物——鱼。这些鱼只能安详地在海湾内游上几个小时。很快就到了退潮的时候，海水退得很快，同涨潮一样快。鱼便落入预先张好的网中，就像被捕在网中的鹌鹑一样，仍然悬留在陆地上。这时候，渔夫们马上乘着马车前来收拾那些留下来的大量的鱼。但是，渔夫们得非常小心谨慎地、机警地注意着大海的变化。如果潮水侵入海湾、袭击他们的话，他们就顾不上自己的马车了。只能把车上的马解下来，赶快骑上马，避开那巨大的海浪，而大量的鱼和车只能埋葬在海底了。

世界奇观——冰下捕鱼

在吉林省前郭尔罗斯蒙古族自治县境内，有一处美丽富饶、古老神奇的草原湖泊，它就是我国北方著名的查干湖。世界上仅存的唯一的"最后渔猎部落"就繁衍生息在这里。

查干湖属温带大陆性气候，四季分明。进入冬季，当气温降到零下30多摄氏度的时候，烟波浩渺的查干湖被凝固成偌大的寒冰。湖面的冰层达到1米左右，而查干湖平均深度才2.5米。上面1米厚的冰层正好把鱼群压到下面的半米到1.5米的湖底，这就比较容易用大网把鱼兜上来。

在查干湖，天越冷，鱼越成群。冬捕的关键是在什么地方下网，几百号人马一天的收获要看"窝子"的选择。"窝子"都是由有经验的渔把头来选择。渔把头根据湖的底貌及水深确定位置后，开凿第一个冰眼——下网眼，再由下网眼向两侧各延伸数百步，方向是与正前方成70°～80°，插上大旗，渔民们称其为"翅旗"。渔把头由翅旗位置向正前方再走数百步后，插上旗，渔民们称这种旗为"圆滩旗"，由两个圆滩旗位置向前方数百步处汇合，确定出网眼，插上"出网旗"，这几杆大旗所规划的冰面，就是网窝。网窝的大小、方向、形状，渔把头送旗的角度、准备等，都是渔把头师承下来并在实践中不断丰富和完善的经验。

查干湖冬捕所用的渔网通常是2米宽、2000米长的条形大网，光下网就得大半天的时间。所以冬捕期间，当地渔民每天凌晨四五点钟天还没亮就得出发到湖面凿冰洞进行冰下撒网了。

这个孕育着无限希望与收获的冬捕活动，点燃了渔民希望的火种。所以，一踏上冰面，渔民们就你追我赶地忙碌起来。由打镩的沿下网眼向翅旗处每隔15米凿一个冰眼，然后下长18～20米的穿杆。由走钩的渔民将插入冰下的掌杆推向下

▲ 查干湖冬捕

一个冰眼。透过冰面看下去，掌杆牵着巨大的渔网，就像绣花针一样，被渔工巧妙娴熟地由一个网眼拉到下一个网眼，直到 2000 米外的出网口。而在这 2000 米的距离上就要打几百个冰眼。

掌杆后端系一根水线绳，水线绳后面带着大绫，大绫后面带着渔网。跑水线的渔民拉着水线绳带着大绫向前走，这时，马也拉着马轮子绞动大绫带着大网前进，后面是跟网的渔把头用大钩将网一点点放入冰下，随时掌握网的轻与沉。

在一望无垠的冰面上，冬捕的渔民冒着严寒开始作业。尽管捕鱼技术不断提高，现代机械日新月异，但他们对这古老的传统的捕捞方式还是情有独钟。这源于对祖先的崇敬，也源于对查干湖生态与绿色的呵护。

查干湖真是一处鱼类天然生存的神奇水域。夏秋季节，这个庞大的湖泊周边长满了自然植物，水中的昆虫繁多，使鱼有了足够的天然食物。这儿的鱼春夏觅食水中的虫类；初秋，强劲的西北风又把大量的湖边草吹倒在水中，鱼儿们便以采食水中的草子为生。不仅如此，查干湖周边几乎没有污染源，再加上原始的捕捞方式又避免了现代机械对湖水的污染，这便构成了查干湖鱼的独特的肉质，鱼味鲜而不腻，并散发着浓烈的纯朴的自然气息。这里所生产的鱼类当之无

> ## 《《 查干湖 》》
>
> 查干湖在蒙语中叫"查干淖尔"，意思是"白色圣洁的湖"。其水面东西宽约 17 千米，南北长约 37 千米，总面积达 420 多平方千米，所属湿地面积 516 平方千米，是中国第 7 大淡水湖泊。

愧地位居国家级绿色食品前列，其中查干湖鳙鱼（俗称胖头鱼）先后得到国家、国际组织"AA 级绿色食品"和"有机食物"双认证，2006 年 10 月又被国家农业部命名为中国名牌农产品。

大自然默默地为人类创造了一整套生存规律。在那寒冷的科尔沁，从深秋到初冬，一切江河湖泊都被严寒封冻了。大自然养育了一春一夏又一秋的鱼儿，这时在冰下鲜嫩而肥美。同时，有严冬和冰雪这个天然大冰箱，使生产出来的鲜鱼易于保存和交易，这使得查干湖冬捕成为北方茫茫雪野中一道最为亮丽的风景线。

6 个小时过去了，此时，两侧网都已前进到了出网眼，整张网全部下入了水中，严严实实地围住了冰层下面的水域。

这时候，出网口成为最幸福和最欢乐的地方了……

随着渔把头有力的号子声，挂满了白珠的马匹拉动着出网轮，由 96 块网组成的一张大网，缓慢地被拉出水面。你看吧，那大如长弓的"胖头"，比蒙古刀还长的"草根"，比打兔子的"布鲁棒"还长的鲫鱼，还有它们的水系亲族在网眼处乖乖地集合着，谁不想争当"头鱼宴"的"骄子"，谁不想争当绿色食品"AA"的头兵？于是，大鱼小鱼随网摆尾而出，瞬间便成为鱼的长河。这不是造山运动，而是"鱼海"随潮而来，一网可达几十万千克！转眼之间就在湖面上堆起了一个个鱼垛……

服务热情周到的鱼医生

随着海洋科学的发展，人们将向海洋索取更多的水产资源，为人类造福。

我们希望鱼类能健康成长，子孙满堂啊！不过，鱼类也有生病的时候。

在碧波荡漾的海洋里，各种鱼类熙熙攘攘。突然，一条大鱼迅速地游向一条小鱼，但它不是把小鱼作为吞食的目标，而是在小鱼面前平静温驯地张开了鳍，让小鱼用自己的尖嘴紧贴大鱼的身体，好像在吮乳。几分钟后，小鱼窜出来，消失在海草中，大鱼也紧紧地跟上了鱼群。

这种奇怪的景象，每天在海洋中要重复几百万次。原来，这种小鱼是海洋中的鱼医生，它们世代在海洋中开设鱼类"医疗站"和"美容室"。科学家们称它为"清洁鱼"。

鱼类和人类一样，经常遭到微生物、细菌和寄生虫的侵害。这些寄生虫和细菌会附在鱼鳞、鱼鳍和鱼鳃上。鱼类还会在水中遭到不测：一条鱼被另一条鱼咬了一口，伤口感

▲ 清洁鱼

染化脓。于是它们不得不向鱼医生求医。鱼医生就伸出尖嘴来清除伤口的坏死组织和鱼鳞、鱼鳍、鱼鳃上的寄生虫、微生物，把这些当做佳肴美餐，并赖以生存。科学家们为了证实这一切，曾做了有趣的实验：把清洁鱼在鱼类经常生活的水域里清除掉，两周后，其他鱼类的鱼鳞、鱼鳍和鱼鳃上出现了脓肿，患上了皮肤病，而有清洁鱼居住的水域里，鱼类却生活得很健康。

至今已发现有 10 种鱼科 45 种小鱼日夜进行着治疗工作。这些鱼医生的工作效率十分惊人，有一种名叫圣尤里塔的小鱼，在 6 小时中能医治 300 条鱼。接受治疗的鱼必须"站"在医生面前，如果它喉咙不舒服，就张开嘴巴，让小鱼进入嘴里，清

除里面的污垢。当鱼在治疗过程中遭遇危险时，它就会吐出小鱼，躲进安全的地方，或与敌方进行一场鏖战，绝不让它的小医生遭到伤害。

它们的"医疗站"一般设在珊瑚礁、水中突起的岩石、海草茂密的高地，或沉船残骸边。当鱼类成群结队、争先恐后地游到这些医疗站时，不免发生拥挤和争执。但"清洁鱼"总是不慌不忙地工作。有趣的是，来"看病"的大多是雄鱼，这不仅因为雄鱼好斗，经常受伤，还因为雄鱼比雌鱼更喜欢清洁和修饰外表。更令人奇怪的是，有些鱼类在接受治疗时会改变颜色，由浅色变成红色，或由银色变为古铜色，好像是一种指示灯，表明："我正在清洁和治疗。"

海洋鱼类的自我

▲ 隆头鱼

医疗是种十分有趣的现象，它唤起了人们的深思，值得动物学家们去研究、去探索。

从"釜底游鱼"说到动物的忍饥能力

东汉顺帝的时候，朝廷有个小官名叫张纲，他为人忠诚，刚直不阿。当时的大将军梁冀，倚仗妹妹是皇后，便有恃无恐，独断专行。别人敢怒而不敢言，张纲却不怕，他公开上奏皇上，说："梁冀贪污腐化，残害忠良，诚天威所不赦，皆臣子所切齿者也。"他这样大胆控告梁冀，朝廷百官为之震惊。可是梁冀的势力太大了，皇帝也不敢动他。从此，梁冀对张纲恨之入骨。

不久，广陵张婴率众造反，杀了刺史，事态紧迫。梁冀想借刀杀人，便施阴谋派张纲去当广陵太守。张纲并不害怕，他到任后亲自去见张婴，说服他们归顺朝廷，表示要惩办贪官污吏。张婴被他说服了，哭泣着说："我们为了生计才相聚起事，我们好像锅中的游鱼，很短时间就要灭亡，我们愿意归顺朝廷。"第二天，张纲接受了他们的投降，然后把他们都放了，从此广陵太平无事。

这个故事出自《后汉书·张王种陈列传》，书中记载说："婴闻，泣下，曰：'荒裔愚人，不能自通朝廷，不堪侵枉，遂复相聚偷生，若鱼游釜中，喘息须臾间耳。'"成语"釜底游鱼"就是由这里引出来的，用以比喻在很短时间内就要灭亡的人或事物，也比喻处在极端危险境地的人。

你想，既然已成了下面烧着柴火的釜（古代把锅称为釜）底之鱼，那它的末日只有片刻的工夫了。这是生活常识。

然而，自然界却有被煮活了的鱼，竟能遨游于烫手的釜中。1936年，法国旅行家雷普在海上航行时不幸翻了船，海水把他卷到了一个叫伊都鲁普的小岛上。正当他饥饿难忍的时候，忽然看见小湖里有几条肚子朝天、漂浮着的"死鱼"。他真是喜出望外，赶紧把鱼捞上来，支好旅行锅，点着火，开始烧鱼，以充饥肠。烧了一会儿，他将锅盖揭开一看，惊呆了：那鱼儿竟死而复生，摇着尾巴，在锅里游动起来，可谓自由自在、怡然自得。

▲ 草鱼是热水鱼

"死鱼"烧活了！雷普十分惊奇。他设法试了试锅里的水温，大约在50℃左右。

奇怪，"死鱼"为什么能煮活呢？雷普百思不得其解。后来，经过人们的考察、研究发现，这个岛上的火山曾经爆发过，随后出现了一个热水湖，湖水的温度曾高达63℃左右，别的鱼类都被烫死了，唯独这种鱼幸存下来，生活在火山口的高温水里，并且逐渐适应了在温水里生活。如果它离开了温水进入冷水里，反而会被冻僵。它的生命虽然停止了运动，但并没有死，一旦温度回升到适合于它的生存环境就会活过来。

当然，不仅伊都鲁普小岛上有这样的热水鱼，在俄罗斯贝加尔湖附近的一眼47℃的温泉里也有热水鱼，在美国加利福尼亚州的一条水温52℃的河里也有热水鱼。据科学家考察得出的结论，这些生物由于长期对外界环境的适应，才产生了耐高温的习性。

无独有偶。非洲维多利亚火山，海拔2600米，是著名的活火山，每隔15～20年就大规模地爆发一次。由于它地处赤道线上，充沛的雨水使火山口方圆近百米形成了一个名叫基符的火山口湖。

当地的老人一生中能目睹维多利亚火山的数次大爆发。基符湖就像一锅煮沸的开水，热气蒸腾，不一会儿湖水便被蒸发殆尽。仰赖热带暴雨，火山爆发后没几天，就又形成一泓晶莹透明的湖水。

在火山爆发之后的间歇期，当地人发现，非洲鲫鱼等鱼类竟自由地在这火山湖里游动。是谁冒着危险攀登如此高峻的活火山口播下鱼苗的呢？

> ## 《 水层最深处的鱼 》
>
> 1970年4月，吉尔伯特·L.沃斯博士在海底8169米处发现了一条鱼。这是一条性属须□科的鱼，体长16.5厘米，是迄今为止捕获到的第5条。

英国生态学家考察了高峻陡峭的基符湖畔，发现常有一种非洲的兀鹰栖息着。当地人也看到兀鹰在山脚的湖河里捕衔着鱼，直往基符湖飞去。

根据这种迹象可以判定，是兀鹰口中幸存的鱼掉到了基符湖里。存活的鱼繁衍生殖，生生不息，形成了这有趣的景象。

生态学家曾对湖水取样化验，发现湖水中有适应鱼类发育成长的食物和微量元素。

动物不仅耐高温，有的动物还耐饿呢！

冷血动物的机体新陈代谢进程缓慢，忍饥的能力比较强。很多鱼虾龟鳖，还有某些鳄鱼和章鱼，都能几个月不吃食物。昆虫的寿命短促，但有的昆虫能够大半生不吃东西。

产于中非洲的肺鱼也很能耐饿。这种齿尖体圆形似黄鳝的鱼，栖居在草多水浅的池塘里，以软体动物、腐草、小虫和小鱼为食。在非洲的烈日暴晒下，池塘常常干涸到滴水无存的程度。这时肺鱼一头扎进泥里，结一个茧，便入眠了。即使大旱三年，它也毫不在意。到第四年，破开泥块，这种圆嘴尖齿鱼还活蹦乱跳呢！

动物的耐热本领

不得不说，生物适应高温的能力，已经远远超出了人们的想象。

据悉，美国科学家发现了一种令人惊奇的深海软体虫，它们栖息在海底热液附近。它的身体结构使它能耐受45℃～55℃的高温。哈佛大学和华盛顿大学的动物学家为栖息在1800深水下的软体虫成功建成了一个特殊的高压水箱，以测定它们的耐热喜好。在水箱一端安放有加热器，在另一端安放有冷却器，从而人为建立了一个从 20℃～ 60℃均匀的温差区。科学家观察发现，软体虫更喜爱40℃～50℃的水温，有时会爬行到水温为 55℃的区域。

> ### 《 巨型管虫 》
>
> 在人类进入大洋底部之前，对这种生物闻所未闻。1977 年，人类发现了这种生活在洋底热液喷口附近的巨型管虫。它们没有口腔、胃、肠道和肛门。有红色羽毛状结构，其中包含大量血管，能吸食水中的二氧化碳、氧气和氧化硫等营养物质，并通过体内细菌将其合成多种有机化合物质。

在东太平洋海底，有一条长长的地壳活动带，发现那里有许多的海底热液。

有些热液在冒出地面时会在出口处形成烟囱似的石柱。从"石头烟囱"里冒出来的热液，温度常能超过百度。就是在这样的沸水环境里，在这些冒着沸水的烟囱外壁上，生活着一种毛茸茸的软体动物，专家们叫它为"庞贝蠕虫"。它们用分泌物自"石头烟囱"的岩基上堆起一条细长的管子，就像珊瑚虫一样，身体就蛰居在里面。生物学家们通过水下仪器及电视看到，这些蠕虫

▲ 庞贝蠕虫

有时会爬出管居而在四周游荡。经测量，那里的中心水温高达 105℃。事实证明：庞贝蠕虫是地球上最耐高温的动物之一。不但如此，在它们生活的海水中还有高浓度的有毒硫化物和重金属元素，而庞贝蠕虫仅靠它那小小的身体，竟然抵抗着自然环境的一切压力。

在发现庞贝蠕虫之前，公认的最耐热的动物是生活在撒哈拉大沙漠"沙漠银蚁"。它们能够忍受 53℃ 的高温。

据说，在希腊的维库加有一处水温高达 90℃ 以上的沸泉，这里生活着一种水老鼠。它们在沸泉里活得十分自在，毫无不适之感。若把它们放在常温的水中，它们反而会被冻死。

这些生物为什么能耐高温呢？至今说法不一。有的科学家认为它们的机体构造和生理特性与普通生物并无两样，之所以能耐高温，是因它们机体内有特殊的抗热因子或有耐热的酶；也有人认为，它们机体内的蛋白质合成系统和细胞结构有微妙变化，因此，在高温高压下能保持正常结构。

现在科学家们正以极大的兴趣对它们进行深入的研究，或许能从中得到有益于人类的某种启发。

神奇的隐身术

绝大多数的海洋鱼类都是靠自己的力量、速度或坚硬的外壳来战胜敌人或者摆脱对手的袭击，以保障自身的安全。但也有极少数弱小的鱼类，却是依靠"隐身术"来逃避敌人的。

所谓"隐身术"，是指它们具有某种保护色或保护形，使自身的颜色或者形状同它们的生活环境中的某些事物相似，借以蒙蔽敌人的眼睛。

在大西洋和印度洋中，生活着一些奇异的变色鱼。

▲ 鳚

科尼鱼的外形似金色红鲤鱼，周身发亮闪金光。当它受到外界干扰时，背上尾鳍部到眼、嘴部一线往上的背部颜色就会变深，呈暗红色，其余部分的颜色变浅，呈微红色，尾部和鳍部的颜色则变得更浅，呈浅黄色。

金字塔蝴蝶鱼的外形像比目鱼，但两眼生在头部两侧，嘴部尖尖的。夜间，头部呈淡蓝色，身子和尾部为天蓝色，背部、颈部和鳍部呈鲜黄色。昼间，头部的颜色变深，呈黑色，身上和尾部颜色变浅，呈淡蓝色。当它因外界刺激感到恐惧时，头部便由深灰色变为鲜黄色。

帕佛尔鱼的外形像狗鱼，平时为灰褐色，睡觉时会变成与海底泥沙类似的颜色。

鳚鱼的"隐身术"可算是极高明的——它具有多种的保护色：在红色水藻中，它的身体

> ❮❮ 鳚 ❯❯
>
> 鳚是鳚科鱼类的通称，种类繁多，栖息在热带、温带和北极水域中。体侧扁，或呈鳗形。长达 10~20 厘米。中国常见的有矶鳚、云鳚、细纹凤鳚等。

呈血红色；到了绿色的环境中，它又变成草绿色了；如果生活在黄色的水藻中，则会变成橄榄黄。说它是一种"变色鱼"，恐怕也不过分吧！

变色鱼为什么会变色呢？原来，它们的皮肤里具有充满颜色颗粒的皮囊。色素皮囊会因为外来刺激而变大变小。皮囊变大，颜色会变深；反之，颜色便变浅。

海兔是软体动物，属浅海生活的贝类。它的头部有两对触角，前面一对管触觉，后面一对管嗅觉。这些触角在海兔爬行时能向前及两侧伸展，休息时则竖直向上，恰似兔子的两只长耳朵，所以人们叫它"海兔"。海兔以各种海藻为食。它有一套特殊的避敌本领，就是吃什么颜色的海藻就变成什么颜色。如一种吃红藻的海兔身体呈玫瑰红色，吃墨藻的海兔身体就呈棕绿色。有的海兔体表还长有绒毛状和树枝状的突起，从而使得海兔的体型、体色及花纹与栖息环境中的海藻十分相近，这样就为它自己避免了不少麻烦和危险。

依靠保护形来"隐身"的鱼类，比较明显的是生活在巴西的一种不大的叶形鱼。它的扁平的身体非常像红叶树的老叶，连颜色也和这种树叶相似。它行动的时候，也酷似一片顺水漂浮的树叶。它经常如树叶一样，静静地躺在水底。渔民们用网把它捞起来的时候，它也纹丝不动。粗心的渔民有时也会被它所骗，误认为它们是一些树叶呢！

生活在海藻中的裸蛙鱼，也有类似的本领。它身上长着增生物和棘鳞，体色也是黄色中间带白斑，同海底的植物丛非常相似。

澳洲海马则是兼有保护形和保护色的海洋动物。它全身长满许多突起物和丝状体，在海水中轻轻漂荡的时候，很像一丛随水漂流的水生藻类。

在军事技术当中，也有类似的隐身技术。像侦察中的化装术和通讯中的干扰术，飞机和导弹的隐身术等，都是隐身技术。不过，这里的"隐"字，不是对眼睛的，而是对雷达、红外电磁波和声波等探测系统活动。目前，军用飞行器面临的主要威胁是雷达和红外探测器。

用什么办法对付这种威胁呢？科学家们经过不断的探索和研究，隐形材料便应运而生了。隐形材料是指那些既不反射雷达波，又能够起到隐形效果的电磁波吸收材料。它是用铁氧体和绝缘体烧结成的一种复合材料，由很小的颗粒状物体构成。电磁波碰到它以后，就在小颗粒之间形成多次不规则的反射，转化成热能被吸收了。这样，雷达就收不到反射波，也就发现不了飞行器了。

鱼儿睡眠趣事多

睡眠对一切动物来说都是必不可少的，不过因生存条件、环境的优劣和新陈代谢的不同，决定了各种动物的睡眠方式、睡眠地点和睡眠时间千差万别。

生活在海洋中的鲸，它的睡眠时间是不固定的，如遇到大风大浪，无法得到幽静的环境时，就干脆不睡。等风平浪静以后，便由一条雄鲸把"家庭"中的所有成员——几条雌鲸和若干条幼鲸聚集在一起，以鲸头为中心，相互依偎着，呈辐射状漂浮在海面上。

海洋底层的鹦鹉鱼，睡觉前先钻到石头底下，然后从嘴巴里吐出丝来，迅速地织一件透明的睡衣，把自己裹在里边起保护作用。天一亮便把睡衣丢掉，到晚上再织一件新的。

科学家对海洋中和蓄水池中的海豚分别进行了观察，得出的结论是一致的：海豚昼夜 24 小时都处于运动之中。看来，海豚的睡眠方式与其他哺乳动物完全不同。

前些年，前苏联科学工作者通过脑电流扫描术详细地研究了一种叫做"阿法林"的海豚的睡眠问题。现已表明，这种海豚具有奇特的睡眠方式："阿法林"大脑的两半球从来都不是同时进入睡眠状态的，它们的左、右脑半球是轮流休息的。

那么，是不是所有海豚的睡眠方式都是如此呢？为此，前苏联科学工作者又对黑海里的"亚速夫卡"海豚进行了研究。经观察表明，不管是白天还是黑夜，它们总是以每分钟 50 米的速度游动着。而且，无论是在轻度睡眠，还是在熟睡过程中，它的游动都会激起水波。脑电流扫描术的密码表明，"亚速夫卡"海豚在睡眠时，也仍有一半大脑在工作，只不过大脑右半球的工作时间比左半球的工作时间要长一些罢了。

目前，对海豚的睡眠问题，有关专家正在进一步探索。

鱼，没有眼睑，不闭眼睛，所以人们很难辨别鱼类是否睡眠。其实，鱼类同人类以及其他动物一样，也需要休息和睡眠，以恢复其自身的体力和节省贮藏在肌肉里的肝糖。

在浅海海域生活的海鱼和淡水鱼类多在夜间睡眠，不过它们栖息睡眠的位置却有所不同。如被称为海洋游泳者的翻车鱼，无论是苏醒时还是熟睡时都是浮在水面上，而海鱼中常见的鲣鱼、金枪鱼也是在水面上边游边睡。但大部分鱼类都是在水底睡眠。有些鱼类依在水草和岩石上睡眠，如缘鳍鱼、攀鲈鱼；虹鳟鱼、鲤鱼、鲫鱼则极为安静地卧在水底睡眠；鳝鱼、泥鳅、鳢鱼等一些身体细长的鱼类，入睡时悠悠然地端卧于水底；海鱼中的比目鱼、鲽鱼睡眠时，则把沙子拱在身上当作被子，只有两只眼睛露在外边。根据鱼的生态习性不同，有些鱼类在白天休息和睡眠。这些大多是底层鱼类，常见的有鳝鱼、鲶鱼、海鳗、黑纹裸身鳝、田鳝等肉食性鱼类。它们白天躲在岩礁缝、洞穴、泥沙、乱石中或繁茂的水草等水生高等植物之中，到了夜间去觅食，袭击在睡梦中或静止休息的鱼类和其他水生动物。

鱼类的冬眠和半冬眠也属于休息、睡眠的一种生态习性。当冬季来临水温下降时，发生了水体的势力转移，同时也降低了鱼的体温和鱼类机体的新陈代谢，使鱼类食欲减退或完全丧失食欲，不再去主动地游弋觅食，将体内新积存的脂肪肝糖的热能消耗量控制在最低程度，尽其所能防止能量的散失，以度过不利于其生存的时期。它

▲ 鱼睡眠

们大多嘴和鳃盖轻微地张闭，呼吸缓慢。在我国北方冰钓时最常见的鲤鱼和鲫鱼，它们多栖息在水底的坑洼处，有水草、杂物和水流平缓的地方，头对头地聚成一团冬眠。所以尽管在水体之上覆盖着厚厚的冰层，遮挡着严冬凛冽的寒风，但毕竟水温降至4℃，到阳光普照大地，天气相对升温和凿冰垂钓、为水体注入充分的氧气时，鲤鱼和鲫鱼也很少去游动觅食。而泥鳅、鳝鱼则是彻底地完全冬眠，它们将身体深深地钻入泥沙中。但在热带地区的热带淡水鱼多为夏眠，为避开水温的升高，它将身体埋在土中睡眠。生长在泰国湄公河的鳢鱼，在火热的旱季，它会深深地钻入微微潮湿的泥土中去夏眠，下雨之后方开始钻出泥土游动。所以那里的人们在旱季可以不去钓鳢鱼，挖土便能捕捉到鳢鱼了。

科学家记录了大量鱼类脑电图，证明鱼类确实存在睡眠现象。除了脑电图的变化外，鱼类睡眠时心脏收缩的频率也相对减慢。但有趣的是，鱼类睡眠时仍保持游泳姿势，其他生理状态也与觉醒时差不多。所以科学家把鱼的这种睡眠称为"原始睡眠"。

科学家们认为，睡眠和觉醒的昼夜节律显然是与动物离开原始海洋进入陆地生活有密切关系。为了适应新的环境，动物才逐渐建立起新的睡眠机理。对脊椎动物睡眠的研究，最终将有助于准确解释人类睡眠中一些尚未解开的谜。

鱼儿需要珊瑚

　　人们通常把珊瑚、玛瑙当成宝物。其实，未经加工的天然珊瑚，是呈树枝形的。自古以来，世界各国的人都认为珊瑚是植物。到18世纪，还有人把珊瑚的触手当成花，自认为是一大发现呢。现在，绝大多数人都知道珊瑚是动物——当然是低等动物。珊瑚这一名称下，包含了很多种类，却有共同的特性——都生活在海里，且特别喜欢在水流快、温度高、比较清净的暖海地区生活。由于大多数珊瑚都可以出芽生殖，而这些芽体并不离开母体，最后成为一个相互连接、共同生活的群体，这是珊瑚成为树枝形的主要原因。珊瑚的每一个单体，我们叫它珊瑚虫。通常所见的珊瑚，就是这些珊瑚虫的肉体烂去后所剩下来的骨骼。海里常见的珊瑚礁大都是由这些骨骼堆积而成的。有的骨骼质地粗糙，可以用作烧石灰、制人造石的原料；质地好的可以做建筑用材；还有些骨骼质地坚密，色泽鲜艳，特别是红色的尤为人们所珍视，是人们视同宝石的珊瑚，人们将其雕琢成种种装饰品。

　　在辽阔的海洋世界里，生活着千姿百态、色彩艳丽的珊瑚，尤其是在水质清澈、水温较高和氧气充足的热带和温带海底，珊瑚生长繁茂，"百花"争艳。珊瑚的形状很像树丛，似有根、茎、叶之分，长期以来被人们误认为植物，素有"珊瑚树"、"海底树"之称。直到19世纪下半叶，人们才看清它的真面目，珊瑚是动物而不是植物，属于无脊椎动物腔肠动物门。

　　珊瑚虫是辽阔海洋中的造陆者。在珊瑚虫的外胚层里存在着许多钙质细胞。它们能够迅速地分泌石灰质的骨骼，在海底逐渐产生突起的构造，久而久之，便造成了今天人们熟知的珊瑚礁和珊瑚岛。现代的珊瑚岛成了横渡印度洋和太平洋的天然良港。澳大利亚的大堡礁，就是世界上

▲ 珊瑚

最大、最美丽的珊瑚礁。在我国辽阔的南海海域，也广布着大大小小的岛屿，其中许多也是由珊瑚虫分泌的石灰质骨骼所构成的。

由于珊瑚的体态奇异，色彩鲜艳，所以被大量地用来制作装饰艺术品。现在世界上珊瑚工业蒸蒸日上，兴旺发达。就经济价值来说，每年能获得数以亿计美元的收入。

意大利的一个城镇，有 80% 的居民依靠捕捞珊瑚、雕刻珊瑚和出售珊瑚及其工艺品为生。所以，人们把这一城镇称作"珊瑚之城"。该城设有一所珊瑚工艺专科学校，专门培养珊瑚雕刻家和装饰艺术家。

美丽的珊瑚还是重要的旅游资源。澳大利亚的大堡礁，每年都接待成千上万的游客。美国的第一个海中公园，就选定在西南部佛罗里达海峡的五彩缤纷的珊瑚花园。这里是一片"海底森林"，游览的人们可以乘坐在租来的玻璃底游船上，观赏这绝妙的珊瑚世界的美丽景色，别有一番情趣。

站在热带珊瑚礁上，经常可以看到有鱼群栖息在珊瑚枝下面。鱼群通常在晚上离开礁石去寻食，白天又回到老地方。很久以来，人们总认为是珊瑚保护了鱼。但是近来有证据表明，珊瑚在掩护鱼的同时，自己也得到了很多好处。

虽然作为一种生态系统来说，珊瑚是很肥沃的，但珊瑚礁外面的水域中，养料却很缺乏。因此，有科学家想要探明，在珊瑚礁和鱼类寻食处附近的陆地之间，洄游的鱼群是否就是传送养料的运输系统。洄游寻食的鱼种类很多，研究者挑选了在维尔京群岛的圣克劳克斯岛周围水域里洄游的法国石鲈鱼作为研究对象，取了栖息在珊瑚里的鱼群身旁的水作为样品进行分析。他们发现，有鱼群的水中的氨离子（一种养料的来源）浓度比没有鱼群的水高 3.5 倍，而另一种重要养料磷就没有这样的差别。这表明，是鱼的排泄物提高了水中的营养成分。在有鱼的珊瑚中，含有暗色的沉积岩，这说明鱼的粪便丰富了珊瑚四周水中的养料。

科学家们为寻找鱼和珊瑚生长之间的关系做了两年试验。每隔四个月对六个珊瑚作一次测量，再加上实验室中测得的数据，一起用来估计鱼群提供的养料对珊瑚生长的影响。他们发现，有鱼栖息的珊瑚，每一个分枝平均增加碳酸钙 3.45 克，而没有鱼的珊瑚只增加了 2.87 克。除鲈鱼之外，至少还有 14 种鱼也为珊瑚提供养料。

可见，鱼儿需要珊瑚，珊瑚也需要鱼。

鱼类是两栖类动物的祖先

鱼类是水域的主人。由于它们生活的环境是人类难以栖息的场所，人们对它就远不如像对陆生动物那样熟悉。除了从事渔业生产的人士外，很多人对鱼类仅是一知半解。

越是不了解的事物就越具有诱人的魅力。人们希望能先从整体上对鱼类有个初步的认识，非常自然地提出了像鱼类家族到底有多少成员，它在脊椎动物王国中的地位如何，它们的祖先又是什么等诸如此类的问题。

种是生物分类的最基本单位。一般认为，鱼类现存种数约为 25000～30000 种。

这个数字，远远地超过了两栖类、爬行类、鸟类和哺乳类。据估计，目前地球上这些动物的种数大约为：两栖类 2000 种，爬行类 3000 种，鸟类 9000 种，哺乳类 4000 种。鱼类的种数比它们的总和还要多。

不仅如此，同其他脊椎动物相比，鱼类在地球上的分布也是最广的。道理很明显，水是鱼类的生活环境，地球的总面积约为 5.1 亿平方千米，再加上 250 万平方千米的内陆水域，水面积共占了地球总面积的 71.5%。

"有水就有鱼"——这话虽说得有些武断，但可以说绝大多数水域都有鱼的存在。除了个别含盐量极高的水体外，从两极到赤道，从海拔 6000 米的高山到深至 10000 米以下的海底，从死水潭到流速极快的山溪，哪里没有留下鱼的踪迹？

更重要的是，从脊椎动物的起源和进化上看，哺乳类和鸟类均起源于古代爬行类，爬行类起源于古代两栖类，而两栖类又起源于古代鱼类。也就是说，古代鱼类是所有脊椎动物的祖先。

这方面的证据是很多的。例如，生物学家通过对胚胎学的研究发现，包括我们人类在内的所有陆生脊椎动物，在胚胎发育的初期，都具有鳃裂的结构，人的胚胎还有跟鱼类相似的动脉弓。这些都说明了脊椎动物和人是由古代原始的共同祖先进化来的，而这个原始祖先是生活在水中的。这是人类、陆生脊椎动物和鱼类具有亲缘关系的有力例证。

由此可见，鱼类不仅是脊椎动物门中最大最多的一群，而且也是出现最早、历史最久和分布最广的一群。

所以，不论从种的数量，从分布的广度，还是从进化的历程上来看，在脊椎动物王国里，鱼类都是稳坐第一把交椅的。

那么，为什么说鱼类是两栖类动物的祖先呢？

鱼类是以鳃呼吸，用鳍游泳，终生生活在水里的一种水栖动物。两栖类如青蛙，幼年在水中用鳃呼吸水中的氧，成体在陆上用肺呼吸空中的氧，是一种水陆两栖动物。粗看起来，这是毫不相关的两类动物，但经过仔细研究和分析发现，在这两类动物之间，存在着亲缘上的关系。科学家在研究从地层下挖掘出来的各种动物化石的时候发现，古代一种总鳍鱼头骨的膜内骨和古代两栖动物头骨的膜内骨十分相似，两者的循环系统也有许多相似之处。更使科学家们感兴趣的是，总鳍鱼的胸鳍和腹鳍，基部肉质非常厚，鳍内骨骼的排列和古代两栖动物的肢骨很接近，而且古代总鳍鱼已经具有了内鼻孔，说明这种鱼已能利用肺进行呼吸。

> ### 《《 两栖动物 》》
>
> 两栖动物通常没有鳞和甲，皮肤没有毛，四肢有趾，没有爪，体温随着气温的高低而变化，卵生。幼时生活在水中，用鳃呼吸，长大时可以生活在陆地上，用肺和皮肤呼吸，如青蛙、蟾蜍、蝾螈等。

那么，鱼类究竟是怎样进化到两栖类的呢？

大约在 3 亿年前，也就是地质史上称为泥盆纪的时期，在自然界的淡水湖泊、沼泽里生活着一种数量非常多的总鳍鱼。这种鱼，身体呈纺锤形，体长有 1 米多，游泳非常迅速，是一种肉食性的鱼。起初它们过着自由自在的生活。到了泥盆纪末期，地球上出现了高大的木贼、石松和乔木形的蕨类等，由于当时陆地上的气候相当温暖潮湿，这些陆生植物得到很大发展，不仅种类大大增加，而且生长得十分茂盛，还有些沿着广阔的沼泽和淡水河岸生长。大量植

▲ 蝾螈

物的枯叶凋落到河中，再加上有些沿岸或水中生长的树木根部在水中腐烂，结果水被败坏，丧失了氧气。由于水中的氧气不足，有些总鳍鱼因不能适应而死亡，但也有些总鳍鱼却利用胸鳍和腹鳍，把身体支撑起来，或攀附在水中的腐叶上，或爬到河边树根上来吸取空气中的氧气。由于水质的进一步败坏，总鳍鱼更进一步增加了对空气呼吸的依赖，有的甚至爬上河岸，呼吸空气中的氧气借以生存。此外，因气候季节性的变化，遇到旱季时，有些生活在浅水中的总鳍鱼，利用胸鳍和腹鳍支撑身体，从一个干涸的河床爬到另外的有水的河中。总鳍鱼胸腹鳍因长期支撑身体，基部肉质变得相当发达，鳍内骨骼也逐渐起了变化，变成与陆生动物五指型附肢相类似的排列形式。古代总鳍鱼就这样逐渐演变成了古代两栖动物，成为四肢动物的祖先。